JN224896

Newton 大図鑑シリーズ

VISUAL BOOK OF THE STARRY SKY
星空大図鑑

まえがき

都会で暮らしていると，夜空を見上げることはあまりないかもしれません。
街の明かりにかき消されて，月ぐらいしか見えないのではないか……。

ところがそうでもないのです。
一度ゆっくり夜空を見上げてみましょう。
案外多くの星が見えることがわかります。

夏休みなどで山や海に出かけたとき，夜空を見上げるとさらにたくさんの星が発見できます。
しかも数日見つづけていると，星が身近なものに感じられてきます。

あの星は何という星だろう？　太陽系の惑星だろうか？
どの星をつなげば星座になるんだろう。
といった疑問もわいてくるかもしれません。

本書は，そんな星についての素朴な疑問に答える一冊です。
星はどうやって生まれたのか，星にも一生はあるのだろうか，
星座とは何なのか，天の川って何だろう，どれが太陽系の惑星なのか……。

同じようなことを私たちの先祖も考えてきましたが，
最近，科学技術の発達とともにさまざまな疑問が解明されはじめています。

太陽は将来どのような姿になっていくのか。天の川の中心には何があるのか。
ブラックホールの正体は何なのかなど，ていねいに解説しました。

最後には，双眼鏡や望遠鏡で星を見るためにどうすればいいのか，
そもそもどこへ行けば星がよく見えるのか，といった情報ものせました。
みなさんの星空観測のお供に，本書が役立つことを願っています。

VISUAL BOOK OF THE STARRY SKY 星空大図鑑

0 Prologue

1 星座

2 星の一生

夜空に浮かぶ，天の川のアーチ

写真は，ヨーロッパ南天天文台（ESO）によって運営されている，パラナル天文台（チリ）で撮影された天の川だ。左端には大マゼラン雲（下）と小マゼラン雲（上）も写っている。天の川は，まるで遠くの空に浮かぶ星の帯のように見えるが，地球のある太陽系も天の川銀河に属している。私たちは天の川銀河の中から，その中心方向を見ているため，密集した星が帯のように見えているのだ。

ZONE

同心円状につらなる星の軌跡

夜空で輝く星たちは，刻々とその位置を変化させていく。写真は，ヒマラヤの頂上から撮影した星の軌跡だ。北極星を中心とした同心円状につらなっている。地球は西から東に１日１回転しているため（自転），地上からは星々が北極星を中心として東から西にまわっているように見えるのだ。これを「日周運動」とよぶ。

アラビアのラクダを照らす金環日食

写真は，アラブ首長国連邦のリワ砂漠で撮影された「金環日食」だ。日食は，地球と月と太陽が一直線に並び，月が太陽の光をさえぎるときにおきる。太陽の一部が隠されるのが「部分日食」で，太陽全体がおおい隠されるのが「皆既日食」である。月の軌道によっては，月がわずかに小さくなり，月のまわりから太陽の光が見えることがある。これを「金環日食」という。

天空から舞い降りる光のカーテン

北極と南極の極地方では，緯度60度をこえるとオーロラを高頻度で見ることができる。オーロラは太陽から放出される電気をおびた粒子が地球の大気と衝突することで発光したものだ。北半球では，極地方に陸地が多いため，北欧のスカンジナビア半島やロシア，カナダの北部地方にオーロラを見ようと多くの観光客が訪れる。写真はノルウェーで撮影されたオーロラだ。

星空を知れば，宇宙のドラマを実感できる

最近，満天の星空をながめたことはあるだろうか？　毎日の生活に追われていると，つい忘れがちな星空だが，私たちの頭上には宇宙のドラマが絶え間なく繰り広げられている。

写真は，モロッコで夏に撮影された天の川だ。夜空には星が集中する領域（天の川付近）と，まばらな領域が存在する。また天の川の太さは一様ではなく，ふくらんだ部分や黒く引き裂かれたようにみえる部分がある。これらの特徴は，天の川銀河の形状と深く関係している。

天の川は，太陽系が属している星の大集団，天の川銀河の姿である。天の川銀河の中には，星だけでなく，星団や星雲などのさまざまな天体がきらめいている。色とりどりの天体が輝く天の川を観察すると，その多様な姿に魅せられることだろう。

本書でこれから紹介する知識をもとに，想像の翼を宇宙へと羽ばたかせてみよう。そうすれば星空の観察がより楽しくなるはずだ。

「天動説」から「地動説」へ

まずはじめに，先人たちが歩んできた星空観測の歴史をひもといてみよう。

かつて，宇宙の中心は地球であり，夜空の星は地球を中心にまわっているという「天動説」が信じられていた。天動説は，2世紀に古代ローマの学者，プトレマイオス（83年頃～168年頃）によって体系的にまとめられ，中世ヨーロッパまで多くの人々の支持を得た。

16世紀になると，ポーランドの聖職者で天文学者のコペルニクス（1473～1543）は，天動説による惑星の動きの説明が複雑すぎることに不信感をもち，独自に研究を重ねた。そして宇宙の中心は太陽であり，地球は太陽を中心にまわっていると確信するようになった。「地動説」の誕生である。

その後，ガリレオ・ガリレイ（1564～1642）の望遠鏡による観測と，ヨハネス・ケプラー（1571～1630）の「惑星運動の法則」や，アイザック・ニュートン（1642～1727）の「万有引力の法則」によって地動説が数学的に証明され，地動説が広く受け入れられるようになった。

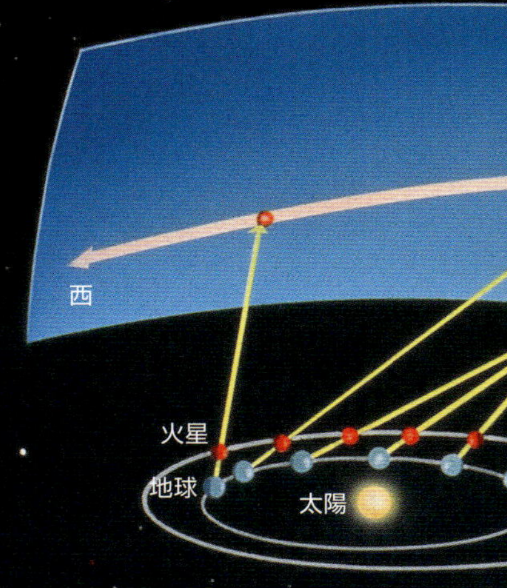

地球からみる惑星の見かけの動きは，ときによって不規則にみえる。後もどりする「逆行」や，止まってみえる「留」などの現象は，地球と惑星の公転周期のちがいからおきる。

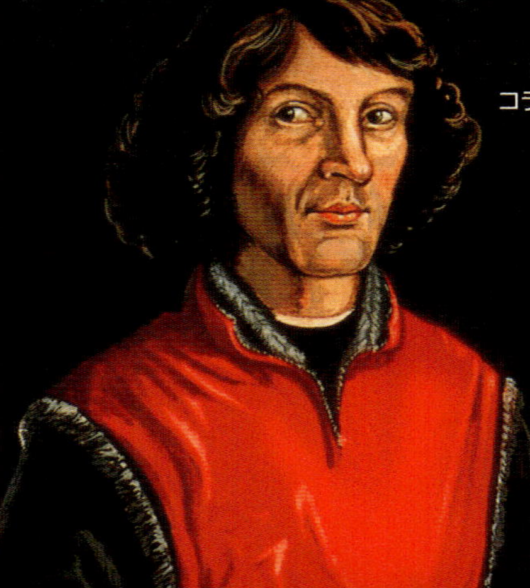

コラウス・コペルニクス（1473～1543）

天動説と地動説

プトレマイオスの天動説では，地球を中心にして惑星や恒星がまわると考える。一方，コペルニクスの地動説では，太陽を中心にして惑星がまわると考える。

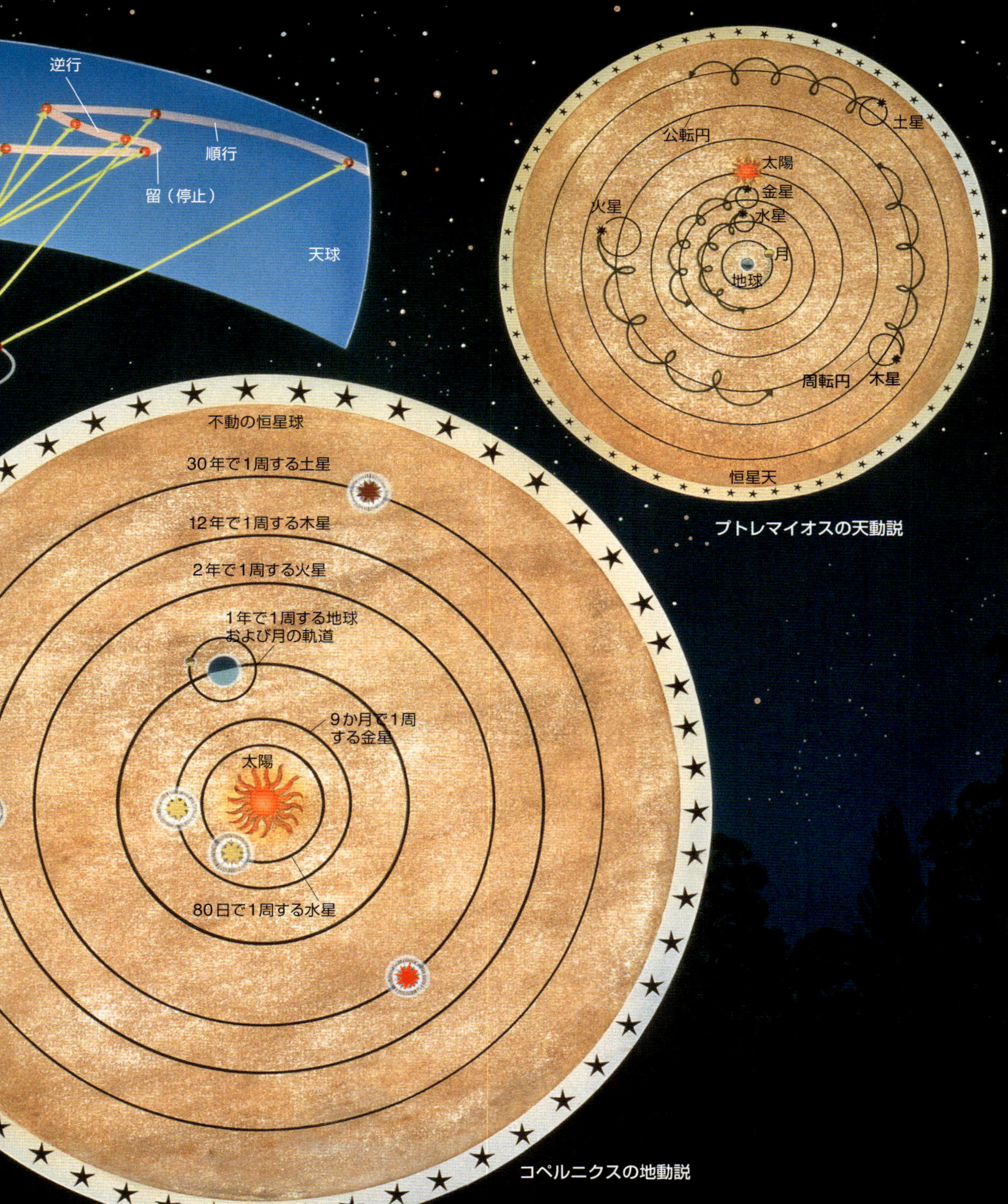

プトレマイオスの天動説

コペルニクスの地動説

星は不変ではないことが，観測からわかってきた

地球は太陽のまわりを公転しているので，地球の位置がかわるにつれて星の見かけの位置もわずかに変化する。

この「年周視差」の値は非常にわずかなため，長い間なかなか観測されなかった。1838～1839年に，ドイツの天文学者，ベッセル（1784～1846）らにより年周視差が観測されると，近い星までの距離がわかるようになった（右のイラスト）。

地球からみて，星（恒星）は遠ざかったり近づいたりしている。その速度を「視線速度」という。視線速度の測定にはじめて成功したのは，イギリスの天文学者，ハギンス（1824～1910）である。視線速度の測定によって，恒星の3次元的な動きがとらえられるようになった。

かつて恒星は，地球を取り巻く天球に固定され，不変のものと考えられていたが，さまざまな観測によって不変のものではないことがわかってきた。現在では観測技術の発達によって，星の姿がさらにくわしく解明されつつある。

はくちょう座のデネブと，こと座のベガ，わし座のアルタイルを結ぶと，大きな三角形ができる。これらの星は永遠不変のものではなく，わずかずつ位置を変えている。

年周視差による距離測定

地球の公転運動によって，天球上の天体の位置が変わってみえる現象を「年周視差」という。年周視差は，イラストに示すように地球から天体（星）を見たときの角度であらわされる。地球の公転にともない，星の見える方向がかわるので，その見え方の差から距離をもとめることができる。なお，遠い天体ほど，見え方の差は小さくなる。

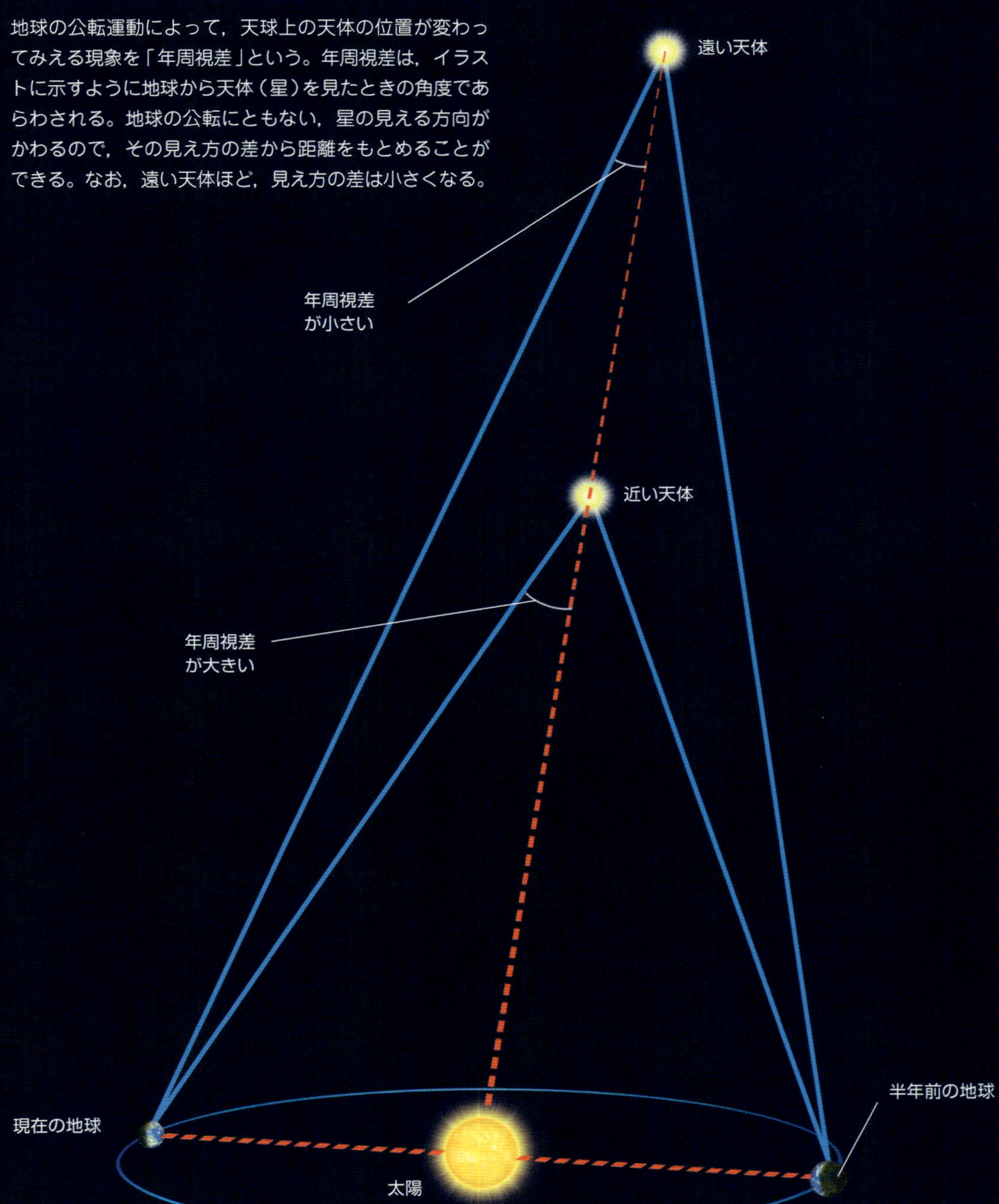

星々を結び，神話の人物や動物に見立てた88の区分

全天の星座

イラストはドイツの天文学者ヨハン・バイエル（1572～1625）が作成した「ウラノメトリア」という全天恒星図である。上を天の北極，下を天の南極として，88星座すべてをえがいている。

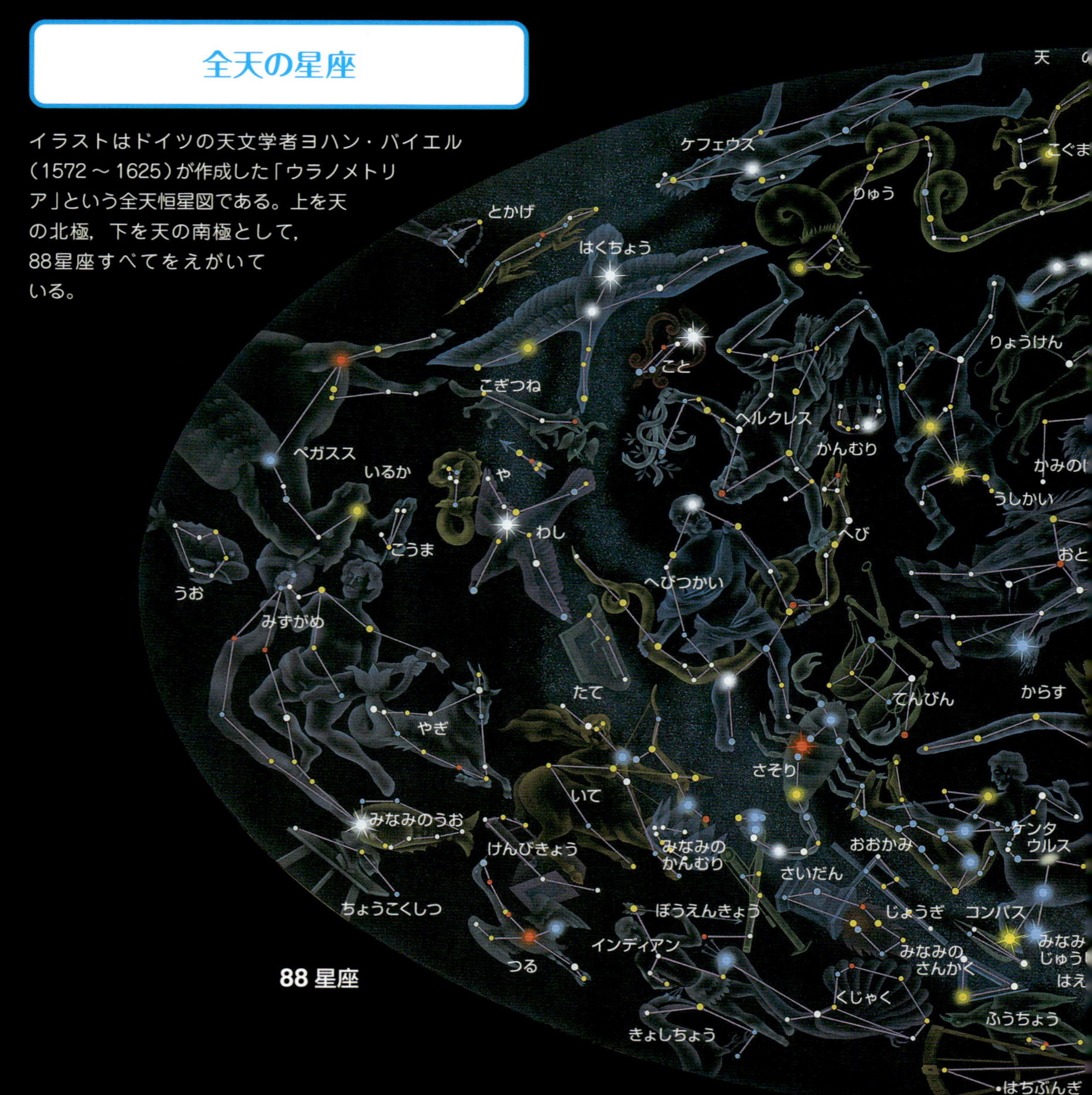

88星座

天球上の恒星を線で結び，人物や動物，道具に見たてたものを「星座」という。現在，88の星座が国際天文学連合によって定められている。星座にはすべて境界線が設定されており，天球上にどの星座にも属さない領域はない。このため，新天体などが発見された場合，「○○座に出現」と表現することができる。

各星座の境界線は，すべて赤経と赤緯の線で分けられているので，星座とは「全天を赤経・赤緯の線で88の区画に分割した領域」ということもできる。星座の領域が明確になったことから，各星座が占める面積も決まった。最も広いのはうみへび座で，最小はみなみじゅうじ座である。

星座はメソポタミア文明が起源で，その後，古代エジプトや古代ギリシャに伝わった。ギリシャでは，星座と神話が結びつけられるとともに独自の星座がつくられた。2世紀には，ギリシャの天文学者プトレマイオス（英称トレミー，90～168頃）が「トレミーの48星座」を決定した。それは北半球で観測できる星座だけだったが，トレミーの48星座は世の中の標準となったため，16世紀まで広く知られていた。その後，大航海時代になると南半球の星が知られるようになり，次々と新しい星座が提案された（イラスト）。

星の位置や運動を示すときに便利な「天球」

天球とは，地球上の観測者を中心にしてえがいた球面のことだ。実際には，さまざまな距離にある天体が一つの球面に投影されたようにみえる。天体の位置や運動を示すときには，天球を使うと便利だ。

地球の自転軸を南と北に延長して天球とまじわる点を，「天の南極」，「天の北極」という。地球の赤道面が天球とまじわってできる大円を「天の赤道」，天球上を太陽が1年間に通る経路を「黄道」という。黄道は天の赤道に対して約23.4°傾いている。

天体の位置を示すときは，天球上に緯度と経度を定めた座標系を利用する。天の赤道を基準にした座標系を「赤道座標」という。地球の緯度に対応する「赤緯」は赤道を0°とし，北へはプラス（＋），南へはマイナス（－）としてそれぞれ90°まではかる。経度に対応するのは「赤経」で，春分点（赤道と黄道の交点で，ここで太陽は南半球から北半球へ移る）を起点にして0～24時まで時間単位（15°が1時間分で，24時までで360°）ではかる。

地球は太陽のまわりを1年間で1回転（公転）しているため，地球からみると太陽が天球上をひとまわりするようにみえるが，黄道とは，この太陽の経路のことをさす。黄道の傾きは，地球の自転軸が傾いていることによる。黄道と天の赤道は2点で交差しているが，その交点を「春分点」，「秋分点」という。太陽が天の南半球から天の北半球へ移る点（3月21日ごろ）が春分点で，北半球から南半球へ移る点（9月21日ごろ）が秋分点となる。

太陽をまわる地球の軌道面を「黄道面」というが，黄道面が天球とまじわる大円が黄道ということになる。太陽系のおもな天体の公転軌道面はほとんど同一なので，黄道面との傾きが非常に小さくなっている。また太陽系第7惑星の天王星を除き，自転軸はおおむね黄道面に垂直だが，地球と火星の自転軸はやや傾いており，そのためにこの二つの惑星では四季の変化が生じている。

天体の動きは，私たちの生活に浸透している

黄道が南から北に天の赤道を横切る点を「春分点」といい，太陽が春分点を横切るときを「春分」という。また，黄道が北から南に天の赤道を横切る点を「秋分点」といい，太陽が秋分点を横切るときを「秋分」という。春分と秋分では，昼と夜の長さがほぼ同じになり，太陽が真西に沈む。日本人は昔から，これらの時期を「お彼岸」とよび，先祖を供養することを習わしとしてきた。

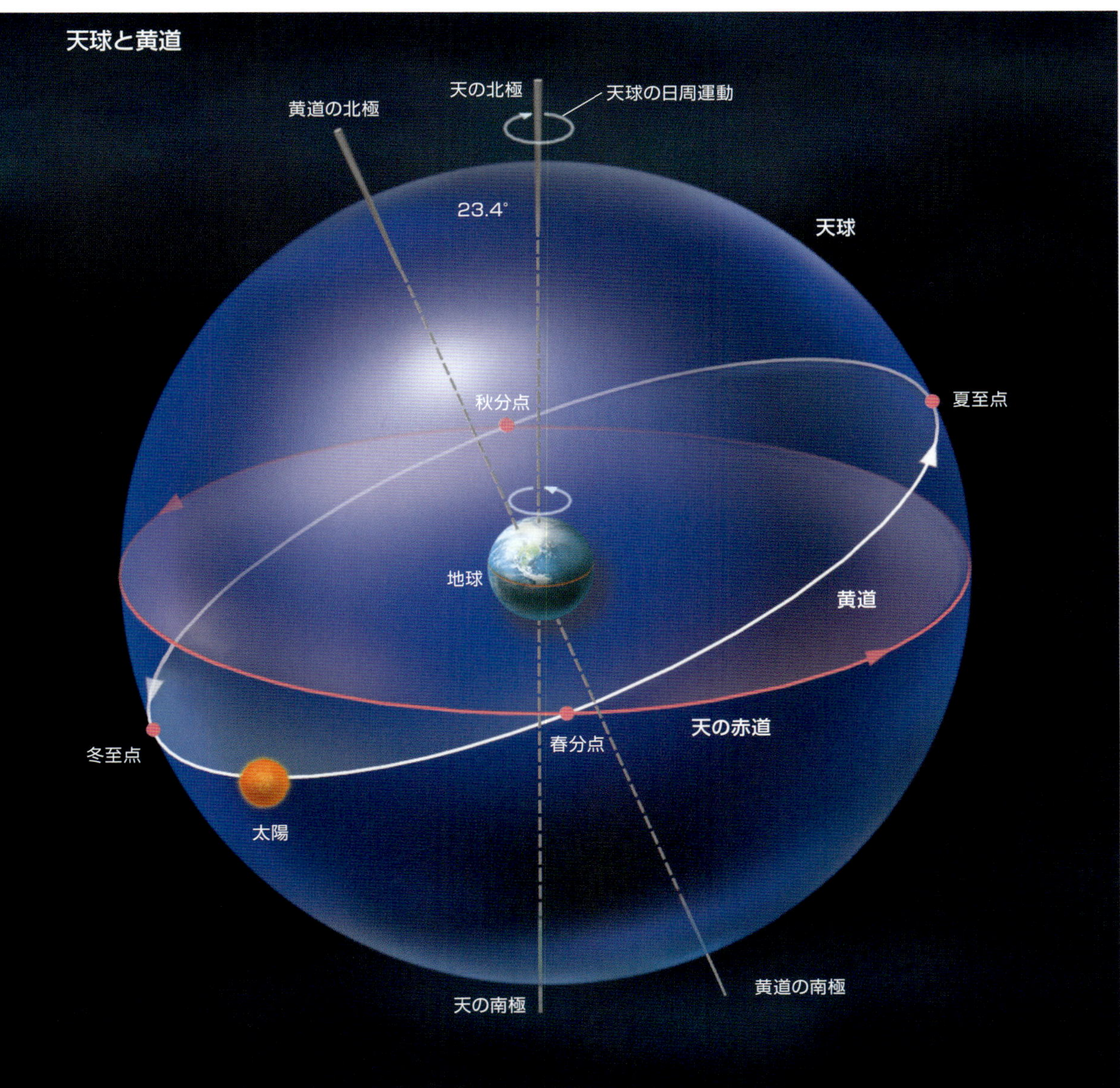
天球と黄道
天の北極
天球の日周運動
黄道の北極
23.4°
天球
秋分点
夏至点
地球
黄道
天の赤道
冬至点
春分点
太陽
黄道の南極
天の南極

SECTION
3

Precession

歳差運動

北極星は，北の目印として ずっと使えるわけではない

夜空の星たちは，地球の自転にともなって，みかけ上，一晩の間に東から西へ移動する。一方，時間がたってもほとんど動かない星もある。それが北極星（こぐま座α星，ポラリス）だ。北極星は，地球の自転軸の延長線上，つまり北極の真上（天の北極）にあるため，みかけの位置がほとんど動かない。明るい星（2等星）でよく見えるので，昔から北の方角を知る目印として利用されてきた。

しかし，北極星はこれからもずっと北の方向の目印として使えるかというと，そうではない。実は地球の自転軸はつねに一定方向を向いているわけではなく，約2万6000年の周期で回転しているのだ。そのため，天の北極は，天球上で動いていくことになる。

この地球の運動は勢いを失ったコマに似ており，「歳差運動」とよばれている（下のイラスト）。歳差運動は，月と太陽がおよぼす重力の影響によって引きおこされている。

約5000年前には，天の北極は，りゅう座α星（トゥバン，4等星）付近にあった。実際，トゥバンを北極星として北の方角の目印として使っていた人たちもいたらしい。逆に今から約1万2000年後には，こと座のベガ，つまり七夕でおなじみの織姫星が天の北極の近くになる。

一方，南極の真上には「南極星」とよべるような，天の南極を示す手ごろな明るい星はない。そのため，おおよその南の方角を知るために南十字星が使われている。南十字星も歳差運動によって動いていくが，北極星やベガのようにぴったりくる星はない。

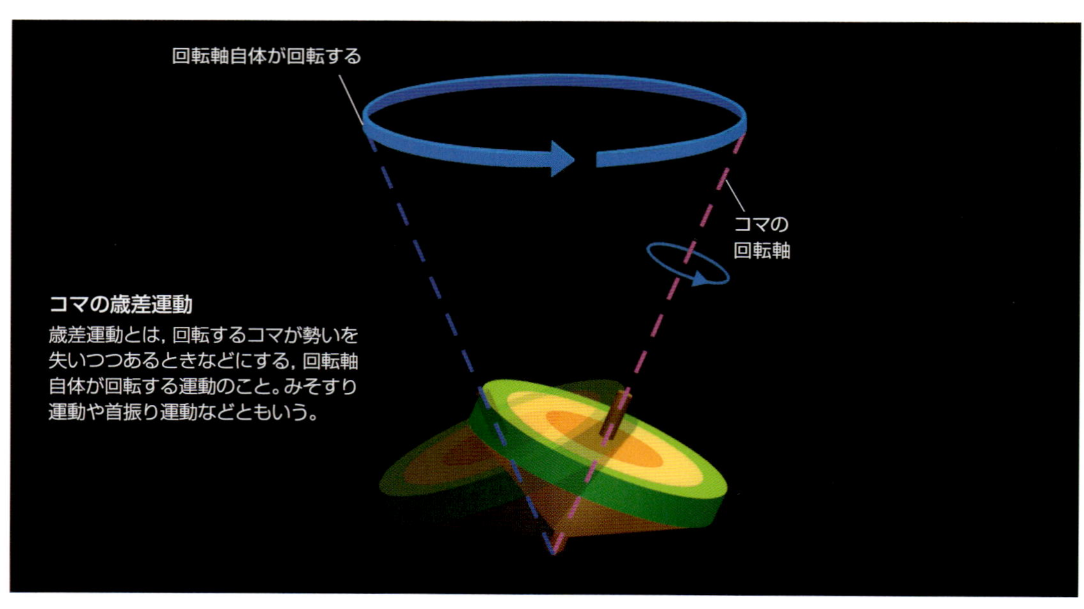

コマの歳差運動
歳差運動とは，回転するコマが勢いを失いつつあるときなどにする，回転軸自体が回転する運動のこと。みそすり運動や首振り運動などともいう。

動いていく天の北極

左は，天の北極が，約2万6000年の周期で回転する道筋を示したもの。現在の北極星は，こぐま座のα星だが，約5000年前には，りゅう座のトゥバンの近くに天の北極があった。今から1万2000年後には，こと座のベガの近くに天の北極が移動すると考えられている。左下に示したように，地球の自転軸が歳差運動によって回転していくため，自転軸の延長線上にある，天の北極が動いていく。

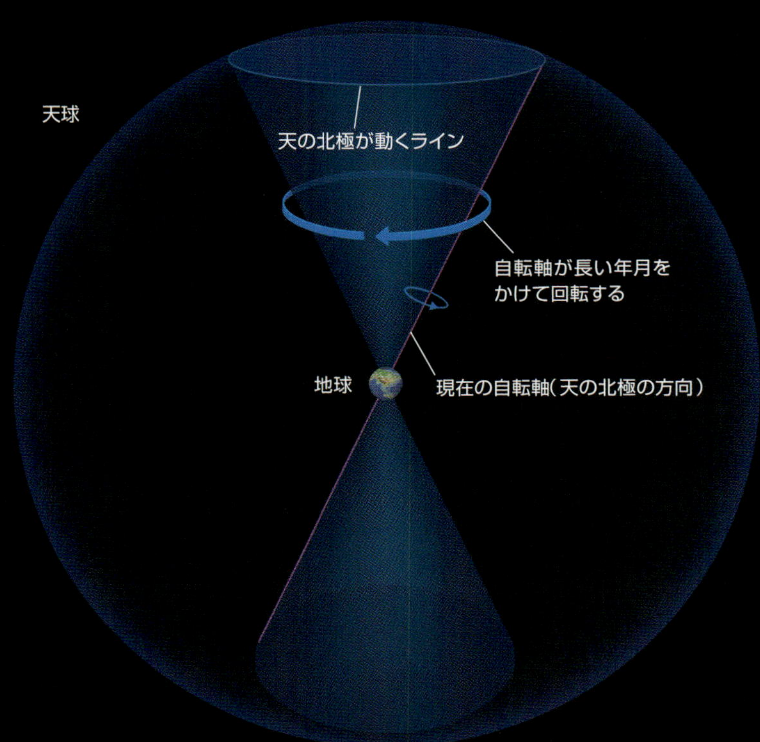

注：イラストの星座の形などは，渡辺教具製作所製のSTAR CHARTを参考にした。

SECTION 4

The 12 Zodiac Signs

黄道12星座

占星術でおなじみの12の星座

黄道12星座と春分点・秋分点

イラストは，黄道12星座と黄道，天の赤道との位置関係をあらわしたものだ。黄道と天の赤道は，春分点と秋分点で交差している。これらの点は，地球の歳差運動の影響で毎年50秒角ずつ西へ移動している。このため，春分点と秋分点のある星座は長い年月とともに移りかわっていく。

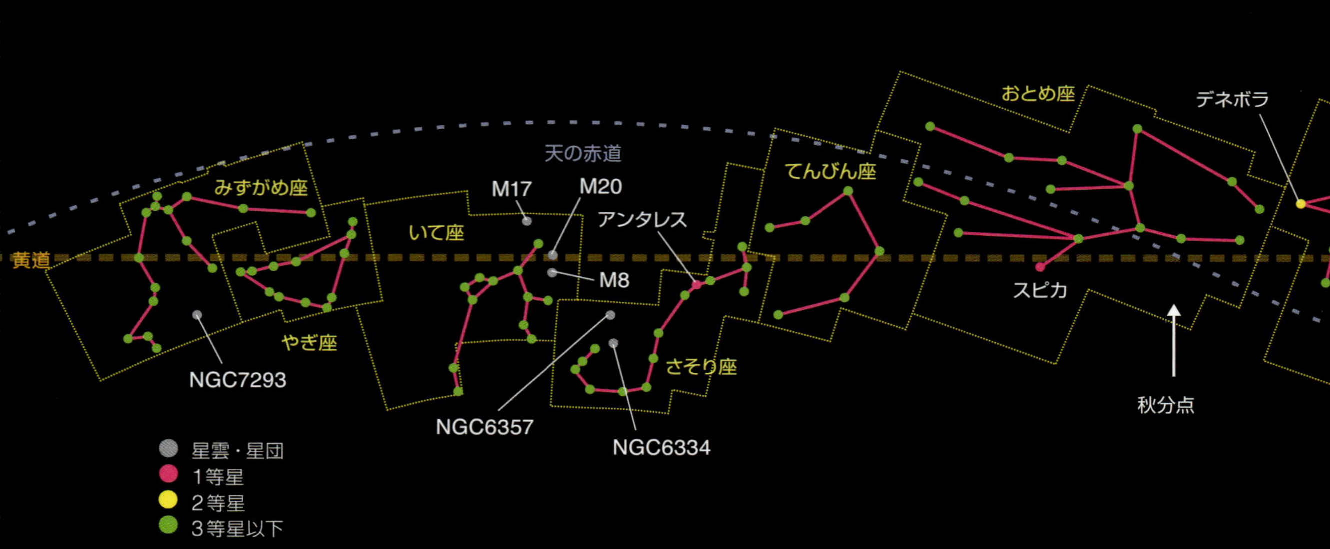

注：赤い線は星座線を示し，黄色い点線は星座の領域を示す。
星座の領域を示す境界線は国際天文学連合によって正式に決定されているが，星を結ぶ星座線は正式に決定されたものではない。

現在，全天で制定されている88の星座のうち，おひつじ座・おうし座・ふたご座・かに座・しし座・おとめ座・てんびん座・さそり座・いて座・やぎ座・みずがめ座・うお座の12の星座をとくに「黄道12星座」という。これら黄道12星座は，どれもその起源は古い。もともと星座は星を線で結び，動物や人物や道具のイメージを重ねたもので，その中の一部は古代の暦制定に用いられていた。

いつの時代でも正確な暦は不可欠だが，古代の人々は，黄道12星座を農耕など生活を管理するための暦として使ってきた。そのため，黄道12星座は，神話と結びついた民間伝承だけでなく，天文学や暦の重要なツールとなっている。

黄道12星座は，太陽の通り道である黄道上にあるので，太陽はつねにこれら12の星座の前を通っていく。このため，「太陽が今どの星座にいるのか」で暦がわかるのだ。さらに，月も惑星も黄道付近を通過するため，黄道近辺は初期の天文学にとって非常に重要な領域であった。そのため天文学では，黄道12星座はほかの星座よりも特別な扱いを受けてきた。

ところで，黄道12星座は占星術にも利用される。それはもともと，占星術が天文学から分離してきたためだ。

占星術では，天体の動きや位置が私たちの性格や身のまわりの出来事に影響をあたえるとされ，12星座それぞれについて何らかの意味づけを行っている。

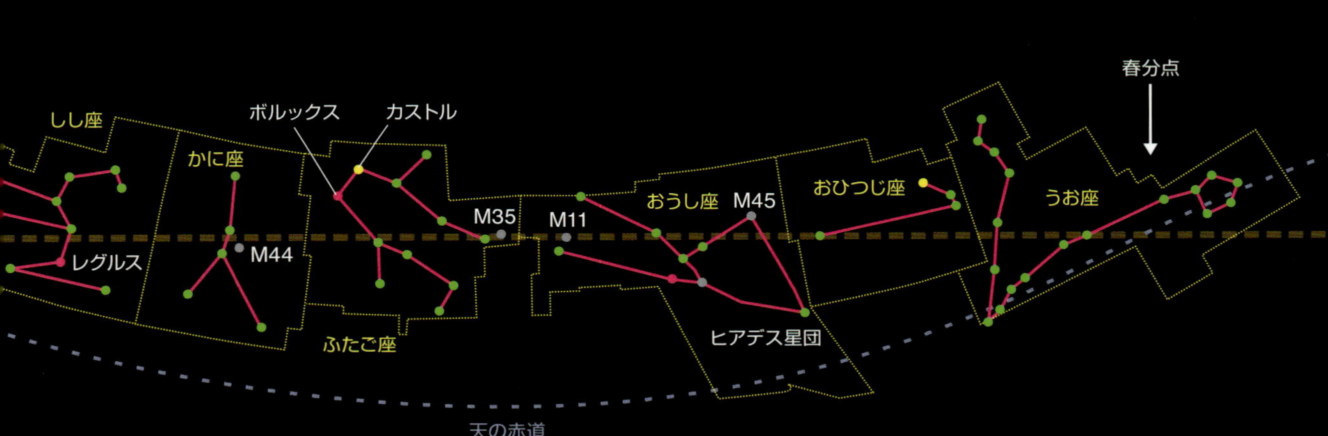

黄道12星座は，地球からどれくらいの距離にある？

黄道12星座

黄道上にある12個の星座を黄道12星座とよぶ。実際にはさそり座といて座の間にへびつかい座も存在する。ここでは，計136個の星をプロットしてある。

ふたご座
α星のカストルとβ星のポルックスはともに200光年より近い距離に位置している。

おうし座
角の部分はヒアデス星団である。アルデバランはおうし座の中では，かなり地球の近くに位置している。

かに座
かにの足を構成する一つの星だけが200光年よりも遠くに位置している。

しし座
尾の部分の星が最も地球に近い。

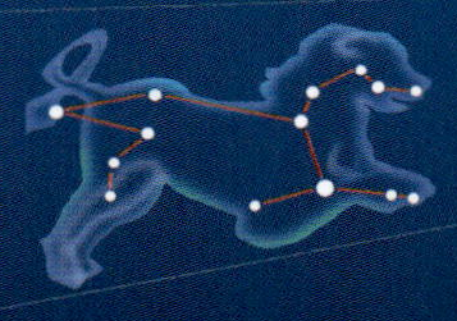

おとめ座
スピカは太陽から約250光年に位置する。

てんびん座
右の皿を構成する星が最も遠くに位置している。

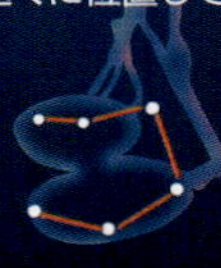

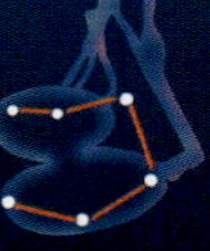

・天球上にある白い点：地球から見た見かけの星の位置。
・色のついた点：地球からの実際の距離であらわした星の位置（星座ごとに色分けしてある）。

イラストは黄道12星座の3Dマップである。

黄道とは，天球上で太陽が通る道筋のことである。太陽は，全天を88の領域に分けている星座のうち，ほぼこの12星座の上を通る。これは天球上で見れば，私たちを取り囲む大きな円として表現できる。

イラストでは，黄道を含む半径およそ200光年の天球面の一部を帯状にえがいてある。この面は，いわば天球上のスクリーンであり，私たちがふだん見ている星座の形がこの面内にえがかれている。ただし，天球面を外側から見た状態であるため，手前側の帯には，普通の形とは鏡像関係になる形の星座がえがかれている。各星座を構成する星々は，どれもばらばらの距離のところにあるので，あるものはこの面よりも前に，またあるものはこの面よりもうしろにあるのがみてとれるだろう。

おひつじ座
おひつじ座を構成する星はすべて200光年以内におさまっている。
うお座
左側の魚だけが200光年の枠を飛びだしている。
みずがめ座
みずがめ座を構成する星の約半数が200光年以内，約半数が200光年以上に分布している。
おひつじ座
うお座
地球の位置
この天球にくらべると，太陽系でさえ点にしか見えない
みずがめ座
やぎ座
やぎ座を構成する星の中では尾が一番地球に近い場所にある。
やぎ座
いて座
天の川銀河中心方向はいて座の方角にある。いて座を構成する星は200光年未満の近いものが多い。
いて座
アンタレス
てんびん座
さそり座
さそり座
心臓にたとえられるのがα星のアンタレス。赤色巨星で，直径は太陽の740倍ほどもある。さそり座を構成する星の多くは200光年以上の距離に位置している。

COLUMN

日本にあった世界最古の円形天文図

世界最古の円形天文図である「キトラ古墳天文図」は，7世紀末から8世紀はじめにつくられたキトラ古墳の天井にえがかれていたものだ。この時代にはすでに，中国から天文学が渡来していたことを示している。

宇宙を円でとらえ，星の配置をえがいた天文図としては世界最古のもので，金箔でえがかれた星を朱線でつないでいる。その中心には天の北極がえがかれているが，それは現在の北極星から少しずれた位置にある。

この天文図には，天の北極を中心として，三つの同心円がえがかれている。内側から「内規」，「赤道」，「外規」とよばれる。

内規とは，天の北極に集まった星で，1年中沈むことがない。つまり，内規にえがかれている星から，この天文図がえがかれた地点の緯度を割りだすことができる。赤道とは，地球の赤道を拡張して，天球とぶつかったところだ。外規とは，南の地平線つまり境界線を指す。外規より外の星は見ることができない。

天文図にえがかれているもう一つの円が黄道だ。そこは太陽や惑星が通る道なので，中国天文学でも天体の運行を観測する上で，重要なものであった。

こうして，天体の運行を観測し暦をつくることは，農作業などの生活に不可欠なことであり，為政者がその権威を高めるためにも必要なことだった。

キトラ古墳の天井にえがかれていた，世界最古の円形天文図。キトラ古墳は奈良県明日香村にあり，7世紀末から8世紀はじめにかけて築造されたとされる円墳の一つである。

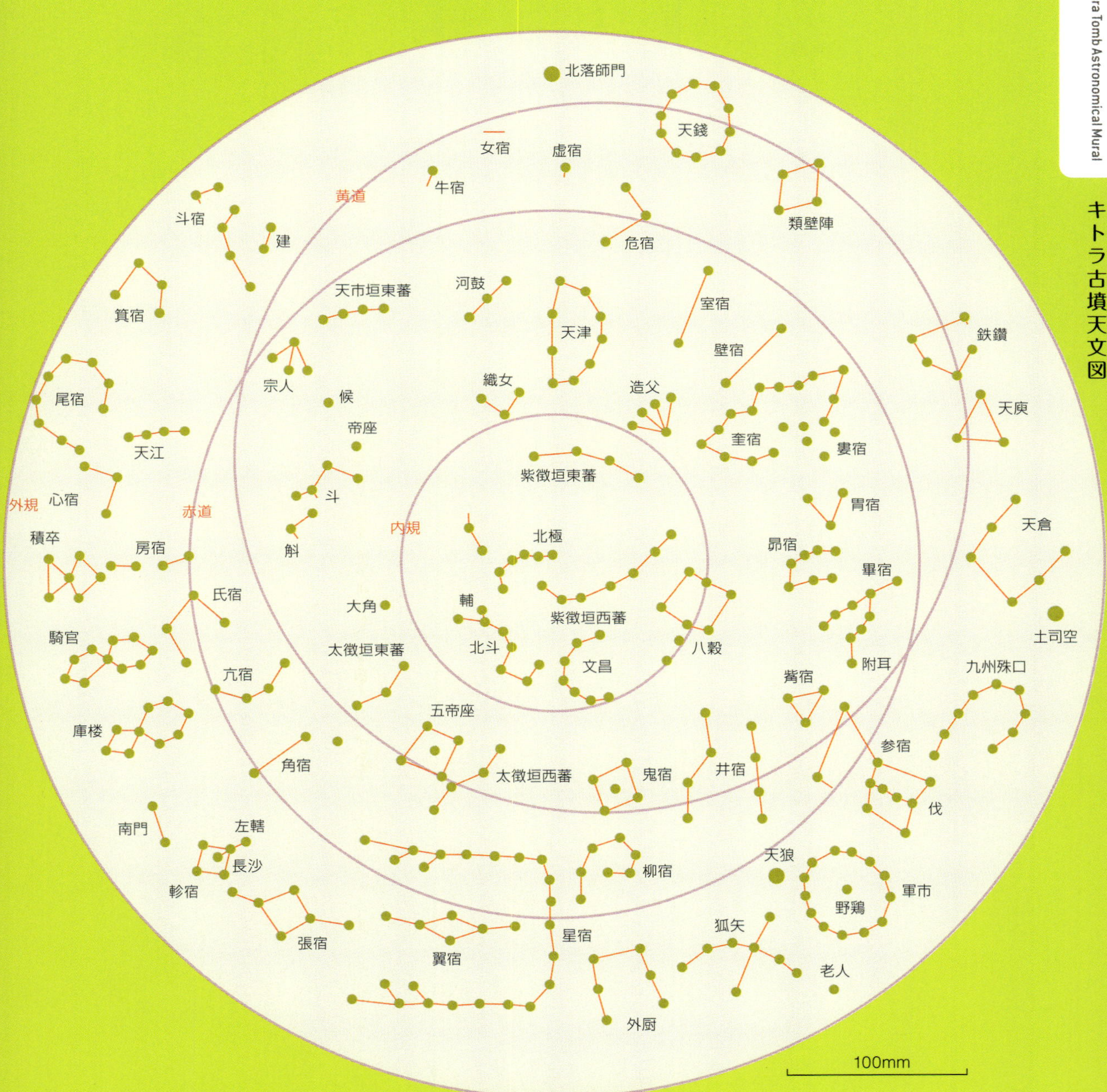

独立行政法人 国立文化財機構奈良文化財研究所「キトラ古墳天文図星座写真資料」より作成

地球の公転によって，見える星座は移りかわる

寒い冬の澄んだ夜空に輝くオリオン座，暑い夏の夜空に大きなＳ字をえがいて天の川をまたぐさそり座など，季節によって見える星座はかわる。

星座が見えるのは，当然ながら夜だけだ。昼間の空の向こうでも星は輝いているが，昼の明るさが邪魔をして，かすかな星の光は私たちの目には認識できない。そのため，昼間に空にのぼってくる星座は見ることができないのだ。私たちに見えるのは，天球に張りついた星座のうちの夜側の方向にある星座だけである。ただし，地球は丸いため，北半球からは天球の南側の星たちの一部を見ることはできない。同様に，南半球からも天球の北側の星たちの一部は見られない。

地球は太陽のまわりを公転しているので，天球の“夜側”も，少しずつ回転していく。それにつれて，同時刻にみえる星座も少しずつかわっていき，ちょうど半年が経過すると，夜側と昼側は完全に入れかわることになる。

たとえば，夏至の日の地球と，冬至の日の地球は，太陽をはさんで反対に位置することになる。そのため，夏至の日の昼の空にのぼる星座が，冬至の日の夜の空にのぼり，逆に冬至の日の昼の空にのぼる星座が，夏至の日の夜の空にのぼることになるのだ。

季節によって見える星座はかわる

右ページのイラストは，天球上に“はりついた”黄道12星座と，太陽・地球の配置の関係をあらわしたものだ。地球から見えるのは，夜側の星座だけである。地球が太陽の周囲を動くにつれて，夜側の星座が移りかわっていく。なお，イラストに示した季節は，北半球の季節である。

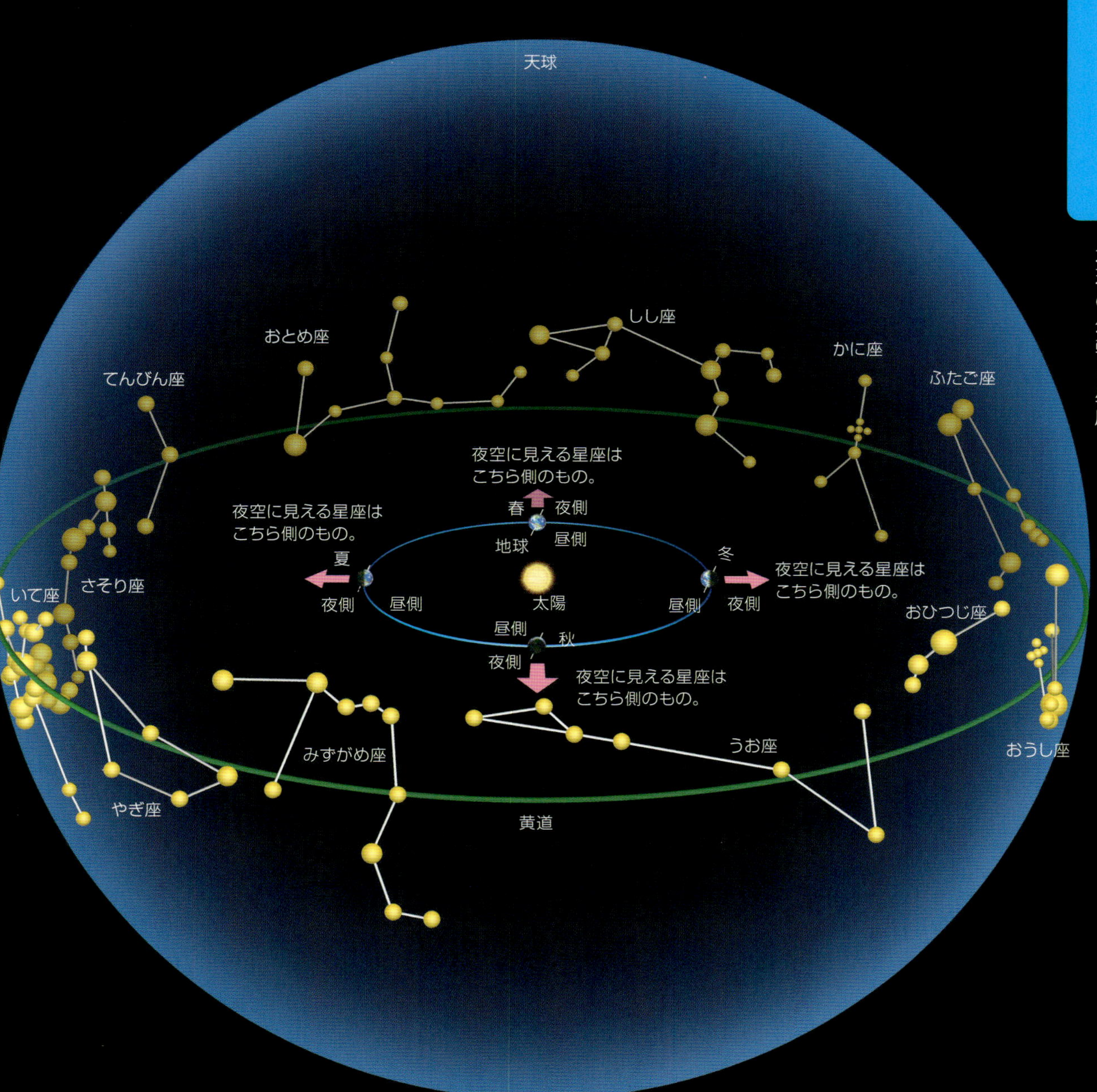

注：天球の手前側は，星座の表裏が逆にみえている。

星座の南中時刻は，1日4分ずつ早くなっていく

太陽の動きを基準にして決めた1日の長さを「太陽日」というのに対し，恒星の南中を基準にして決めた1日の長さを「恒星日」という。代表的な冬の星座，オリオン座を例にみると，真冬（2月上旬）には，20時に南中するが，12月ごろにはもっと東にいる。逆に，4月ごろは西に傾いている。

このように，同じ時刻に観察していると，日が経つにつれ，星座は同時刻でもだんだんと西へ動いていくことがわかる。これは，地球が1回自転する間に，星座は360度よりも多く回転しているからなのだ。

星座が1回転するのにかかる時間は，およそ23時間56分で，太陽日とくらべると約4分早くなっている。このため，星座の南中時刻は1日につき4分ずつ早くなっていく。ある恒星を同じ時刻に観察しつづけると，その恒星は毎日4分だけ余計に西へ動いていくのだ。この4分の積み重ねが星座の移りかわりを生みだしている。

太陽日と恒星日の1年の長さ（太陽年）は，ちょうど1日分ちがう（4分×365日＝24時間）。そのため，1年経過すると南中時刻は元にもどる。

「地球は24時間で1回転する」と多くの人が思っているが，厳密にいえばこれはまちがいだ。正確には，地球は「23時間56分4.091秒」で自転していて，その長さは恒星日と一致している。つまり自転周期とは，太陽に対する自転ではなく，恒星に対する自転の時間なのだ。

同じ時刻に観察すると，星座はだんだん西へずれていく

毎月1日の20時に，東京から南の空を数か月にわたって観察した場合の，オリオン座の位置を右のイラストに示した。1日の中での星の動き（日周運動）ではないことに注意してもらいたい。毎日同じ時刻に観察をつづけると，オリオン座の位置は東から西へと弧をえがくように移りかわっていくことがわかる。これは，地球が自転する間，星座が360°より多く（約361°，つまり1回転と1°）回転しているためである。なお，イラストは同時刻での星の位置を比較したものだが，同じ星が一晩の中で真南の方向に来る（南中する）時刻について注目すると，1日あたり約4分ずつ早くなっていく。

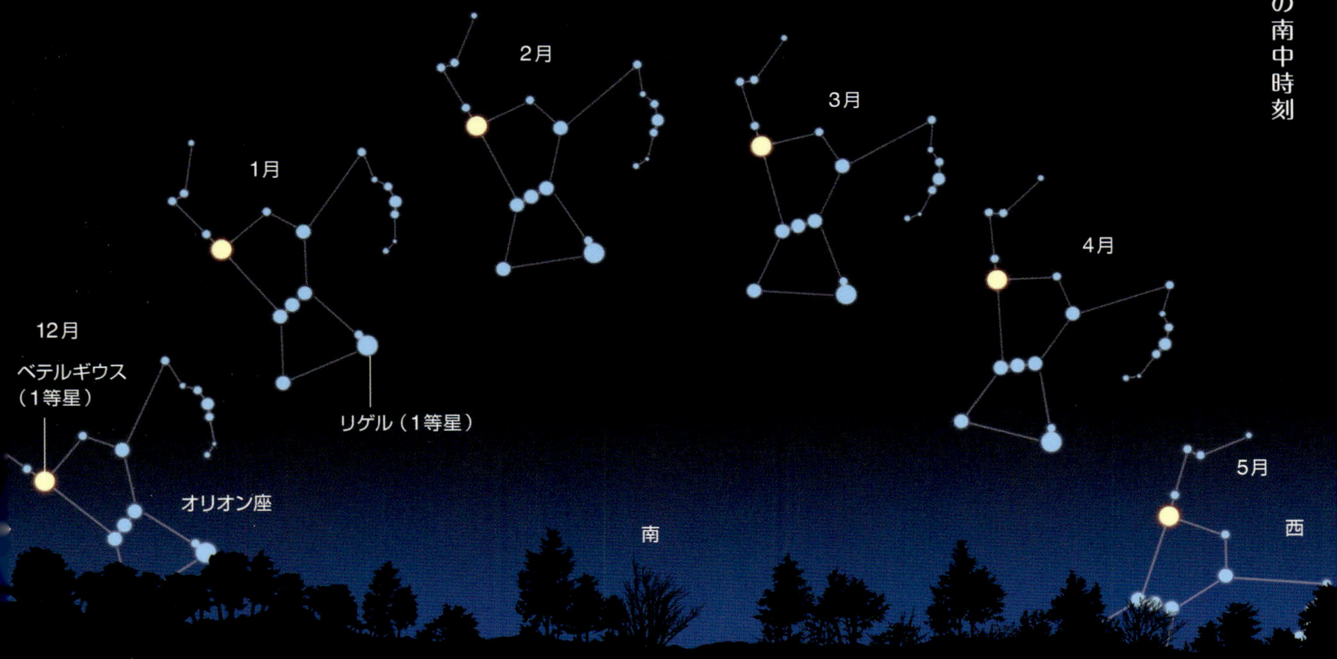

2月
3月
1月
4月
12月
ベテルギウス
（1等星）
リゲル（1等星）
5月
オリオン座
南
西

北斗七星が目を引く春の夜空

ここからは，四季の星座とそのさがし方についてみていこう。まずは春の星座だ。

季節が暖かくなってくると，夜空にもかすみがかかるようになって，星もやや見えにくくなる。

この時期に最も見つけやすいのは，北の空，かすみの向こうに高くに昇ってくる北斗七星だろう。北斗七星は，七つの星のうち真ん中の星が3等星で，あとはすべて2等星という，明るい星の配列だ。

北斗七星の柄の部分のカーブをそのままのばしていくと，オレンジ色の1等星，うしかい座の「アルクトゥルス」にぶつかる。さらにそれをカーブさせながら南の空にまで延長すると，純白の1等星，おとめ座の「スピカ」に達する。これを「春の大曲線」とよんでいる。

3月の南の空には，まだオリオン座と冬の大三角が見えているが，徐々に西へ動いていき，その姿を隠す。変わって登場するのが春の大三角だ。春の大曲線をなすアルクトゥルスとスピカ，そしてしし座の「デネボラ」がつくる三角形は，春の夜空を代表するものである。

春に見つけやすい黄道12星座は，ふたご座やしし座だ。3月に南の空を見上げると，ふたご座の兄弟星，「カストル」と「ポルックス」が見える。そして4月から5月にかけては，しし座の1等星，「レグルス」が見頃をむかえる。

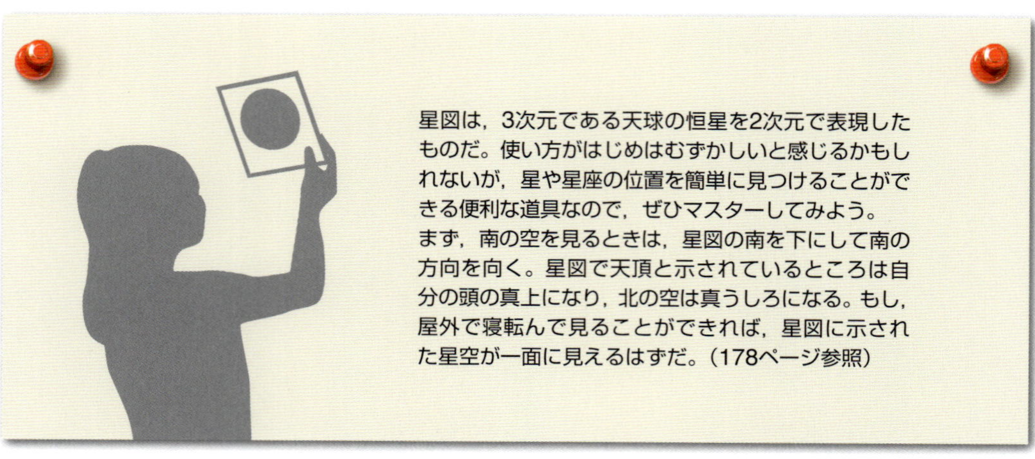

星図は，3次元である天球の恒星を2次元で表現したものだ。使い方がはじめはむずかしいと感じるかもしれないが，星や星座の位置を簡単に見つけることができる便利な道具なので，ぜひマスターしてみよう。
まず，南の空を見るときは，星図の南を下にして南の方向を向く。星図で天頂と示されているところは自分の頭の真上になり，北の空は真うしろになる。もし，屋外で寝転んで見ることができれば，星図に示された星空が一面に見えるはずだ。（178ページ参照）

3月の星図

● 1等星　● 2等星　• 3等星　• 4等星　◎ 変光星
星雲　星団　銀河

星図の日時　3 月 1 日 21 時
3 月 15 日 20 時
3 月 30 日 19 時

4月の星図

1等星
2等星
3等星
4等星
変光星
星雲
星団
銀河

星図の日時　4月1日21時
4月15日20時
4月30日19時

5月の星図

- 1等星
- 2等星
- 3等星
- 4等星
- 変光星
- 星雲
- 星団
- 銀河

星図の日時 5月1日21時 / 5月15日20時 / 5月30日19時

ヘラクレスが仕留めた“しし”が天に昇った

夜空を彩る星座には，さまざまな神話が残されている。本書では星座にまつわるギリシャ神話をいくつか紹介しよう。まずは，しし座にまつわる神話だ。

ヘラクレス※は，ギリシャの都市国家テバイの王女と結婚し，3人の子を授かった。しかし，全知全能の神ゼウスの妻ヘラに狂気を吹きこまれてしまい，子供たちを殺してしまう。正気に戻ったヘラクレスは，自分の行為に愕然とした。彼は追放されることを望み，妻と別れ，一人テバイをはなれた。

絶望のヘラクレスは，ゼウスの子の神託の地，デルポイに向かった。神はヘラクレスに，ミュケナイの王，エウリュステウスにつかえるよう命じ，王が課す12の難業を成しとげないうちは自由の身になれない，と告げる。エウリュステウスとは，ヘラクレスよりも少し先に生まれた同じ一族の子だ。

最初の難業は，ネメアの谷に住むライオンを殺して毛皮を持ち帰ることだった。ヘラクレスは矢を撃ち，こん棒でライオンを殴ったが，強じんな皮膚をもつライオンはびくともしなかった。そこでヘラクレスは，3日間ライオンの首を締め上げて，ついにライオンを仕留めることができた。エウリュステウスは，ライオンをかついで帰ってきたヘラクレスを見て仰天し，それ以後，彼はヘラクレスに直接会うことを恐れ，命令はすべて使者を通じて行うようになった。さらに小心者のエウリュステウスは，地中に青銅の甕を埋めさせ，ヘラクレスが帰ってくるとそこへ隠れるようになったという。

この話を聞いたゼウスは，ネメアのライオンを動物の王としてうやまい，空に上げて，「しし座」にしたといわれている。

おとめ座にまつわる神話も紹介しよう。

恋愛と無関係の暮らしをしていた，冥界の王ハデスは，ゼウスと農耕の女神デメテルの娘ペルセフォネに恋をした。デメテルが強く反対することがわかっていたハデスは，ゼウスの了解のもと，ペルセフォネを冥界に連れ去ってしまう。これを知ったデメテルは激怒し，農耕の女神としての仕事を放棄した。そのため，大地は荒れ果て，人々は飢えに苦しみだした。

ゼウスは事の重大さに驚き，ハデスにペルセフォネを地上へ返すように指示した。しかし，冥界でザクロの実を食べてしまったペルセフォネは冥界から戻れなくなってしまっていた。そこでゼウスの命によって，1年の3分の1をハデスとすごし，3分の2を母親のデメテルとすごすことになった。おとめ座はそのときのペルセフォネの姿，またはデメテルの姿といわれている。

※ギリシャ神話はもともと口伝えで伝えられてきたが，その後，さまざまな言語で文章化された。英雄ヘラクレスの名前はギリシャ語であるが，星座名として残されるときにはラテン語が用いられたため，ヘルクレス座とよばれている。

しし座

星座めぐりのスタートは「夏の大三角形」さがし

夏は，屋外での星空観察が絶好の季節である。夕涼みがてらに，気軽に星空散策をしてみよう。山の上など，星の光をさえぎるものがないところでは，まさに星くずのじゅうたんを堪能できるだろう。

夏の星空では，春の大三角が西へ移動していくのにともない，「夏の大三角」が姿をあらわす。こと座の1等星「ベガ」，はくちょう座の1等星「デネブ」，わし座の1等星「アルタイル」がつくる三角形で，夏の夜空を代表するものだ。

まずは頭上に輝く白色のベガをさがそう。ベガがみつかったら，少し東側にベガよりもやや暗い，デネブをみつけよう。デネブを北の端の星にすると，十文字に並ぶ星の配列がわかるはずだ。これが「北十字」ともよばれるはくちょう座の姿である。

デネブから南のほうに目を移すと，アルタイルがみつかる（下の写真では右）。ベガ，デネブ，アルタイルの三つ星からなる三角形をスタートにして，それぞれの星座をめぐるのが夏の星座をさがすこつである。

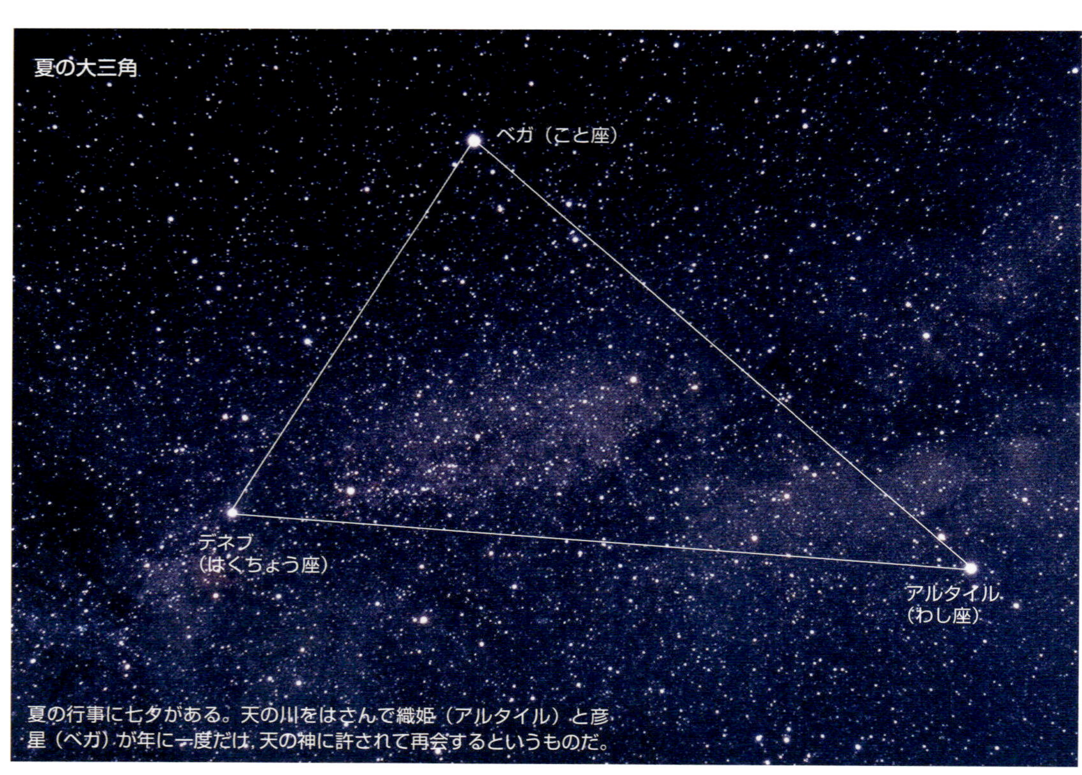

夏の行事に七夕がある。天の川をはさんで織姫（アルタイル）と彦星（ベガ）が年に一度だけ，天の神に許されて再会するというものだ。

6月の星図

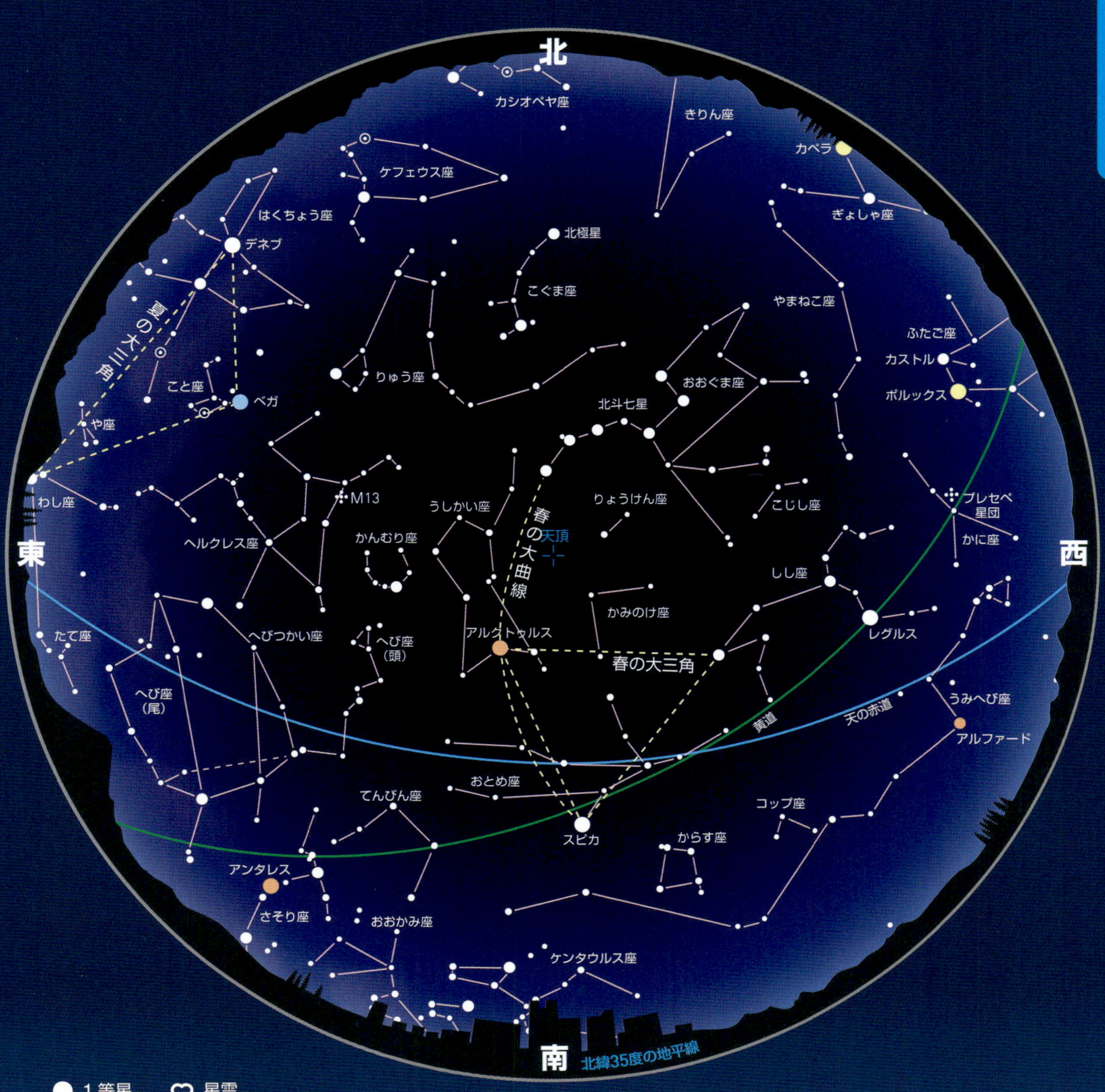

1等星
2等星
3等星
4等星
変光星
星雲
星団
銀河

星図の日時　6月1日21時
6月15日20時
6月30日19時

7月の星図

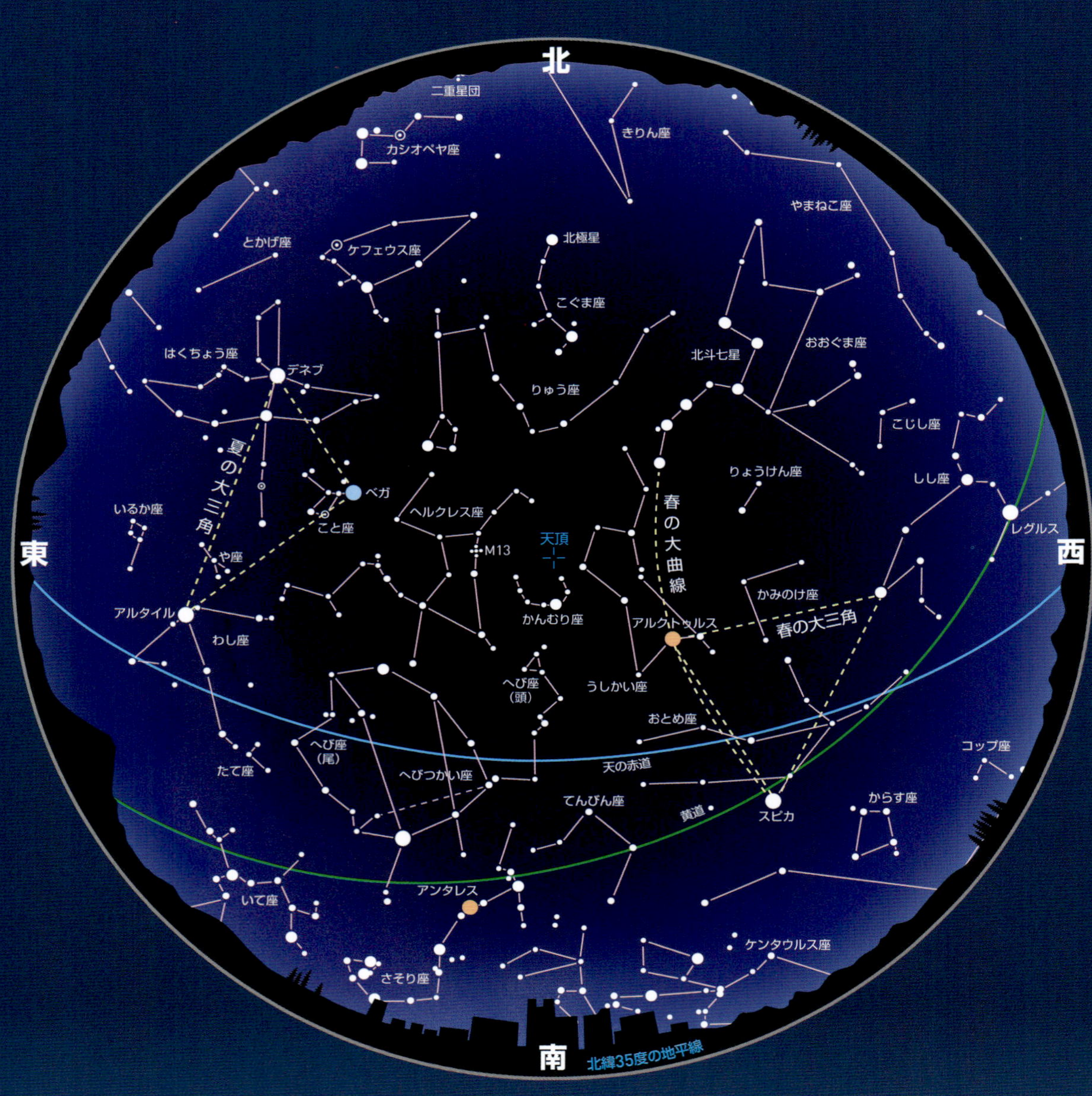

1等星
2等星
3等星
4等星
変光星
星雲
星団
銀河

星図の日時　7月1日21時
7月15日20時
7月30日19時

8月の星図

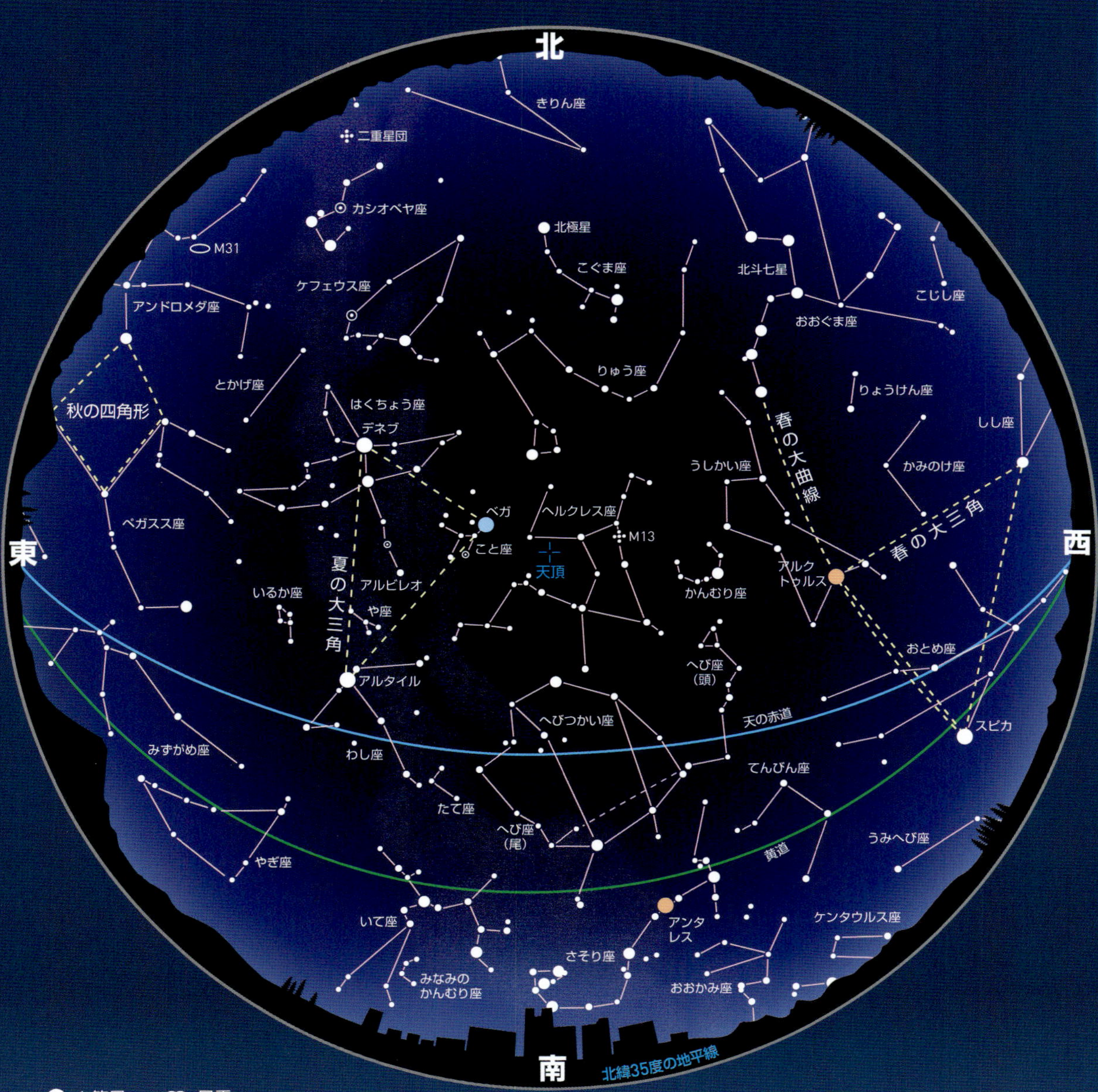

- 1等星
- 2等星
- 3等星
- 4等星
- 変光星
- 星雲
- 星団
- 銀河

星図の日時
8月1日21時
8月15日20時
8月30日19時

怪力の暴れ者をやっつけたサソリの姿

ギリシャ神話には数多くの神々が登場するが，それ以外にも個性的な人間や怪物，精霊，小さな生き物などが登場する。まず，さそり座にまつわる神話を紹介しよう。

のちにオリオン座となる，優秀な猟師のオリオンは，狩りに出かけるといつでも大きな獲物をとらえてきた。そのため，オリオンは日頃から，どんな獲物も自分にかなうものはいないと豪語していた。

これを聞いた天上の神々は，日々の獲物は神々が慈悲深くあたえたものだと怒った。ゼウスの妃ヘラは，オリオンをこらしめようと猛毒をもつサソリを放ち，オリオンに向かわせた。小さなサソリはそっとオリオンに忍び寄り，毒針でオリオンを一刺しした。さすがのオリオンも，毒にはかなわず，絶命した。

この手柄から，さそりは天に昇り，さそり座となったと伝えられている。オリオンはのちに星座となるが，天に昇ってからもサソリを怖れた。さそり座が空にある間は決して姿をあらわすことがなく，さそり座が姿を消している冬の間だけ，姿を見せるのだという。

次に，てんびん座にまつわる神話もあわせて紹介しよう。

ゼウスがつくった人間にパンドラという美しい女性がいる。パンドラは，知性にあふれ，旺盛な好奇心をもっていた。パンドラはゼウスから箱を預かっており，それを絶対に開けてはいけないといわれていた。しかし好奇心の強いパンドラは，その箱を開けてしまったのだ。すると，妬み，盗み，憎しみなど災いのもととなるものが地上にまき散らされた。

これに対し，善悪を計る天秤をもつ，正義の女神アストレアは，他人を恨まずに仲良く平和に暮らすよう人々によびかけた。しかし人々は一向にいうことを聞かず，愛想をつかしたアストレアは天界に戻ってしまう。アストレアがもっていたこの天秤が，てんびん座のもとになったといわれている。

瀬戸内海で見たさそり座。右上に輝く明るい星は，さそり座のα星アンタレスだ。

さそり座

四つの明るい星がつくる「秋の四角形」

秋になって空気が澄んでくると，星のまたたきもいっそう輝いてくる。秋の代表的な星座は，ペガスス座である。2～3等星の明るさの星三つ（マルカブ，シェアト，アルゲニブ）が，アンドロメダ座の2等星（アルフェラッツ）とともに，ほぼ天頂付近に大きな四角形（秋の四角形）を形づくっている。1等星はないものの，星の少ない秋の夜空ではひときわ目立つ星の配列である。

アンドロメダ座の腰の部分には，アンドロメダ銀河がある（下の写真）。

北の空には，2等～3等星が5個，W字形をなしているカシオペヤ座が光っている。カシオペヤ座を目印にすると，明るい星があまりないケフェウス座なども見つけやすい。

南の空には，大きなみずがめ座があらわれるが，2等星以上の明るい星がないためあまり目立たない。そんな中，ひときわ明るく輝いているのが，みなみのうお座の1等星，フォーマルハウトだ。

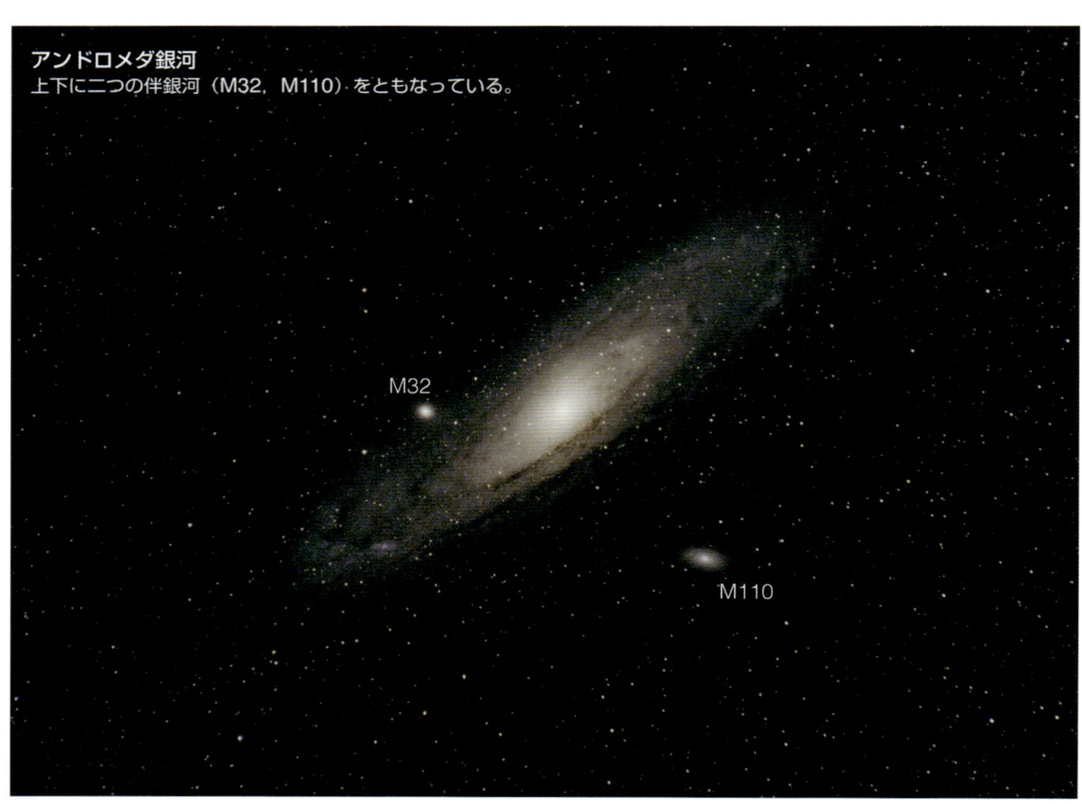

アンドロメダ銀河
上下に二つの伴銀河（M32，M110）をともなっている。

9月の星図

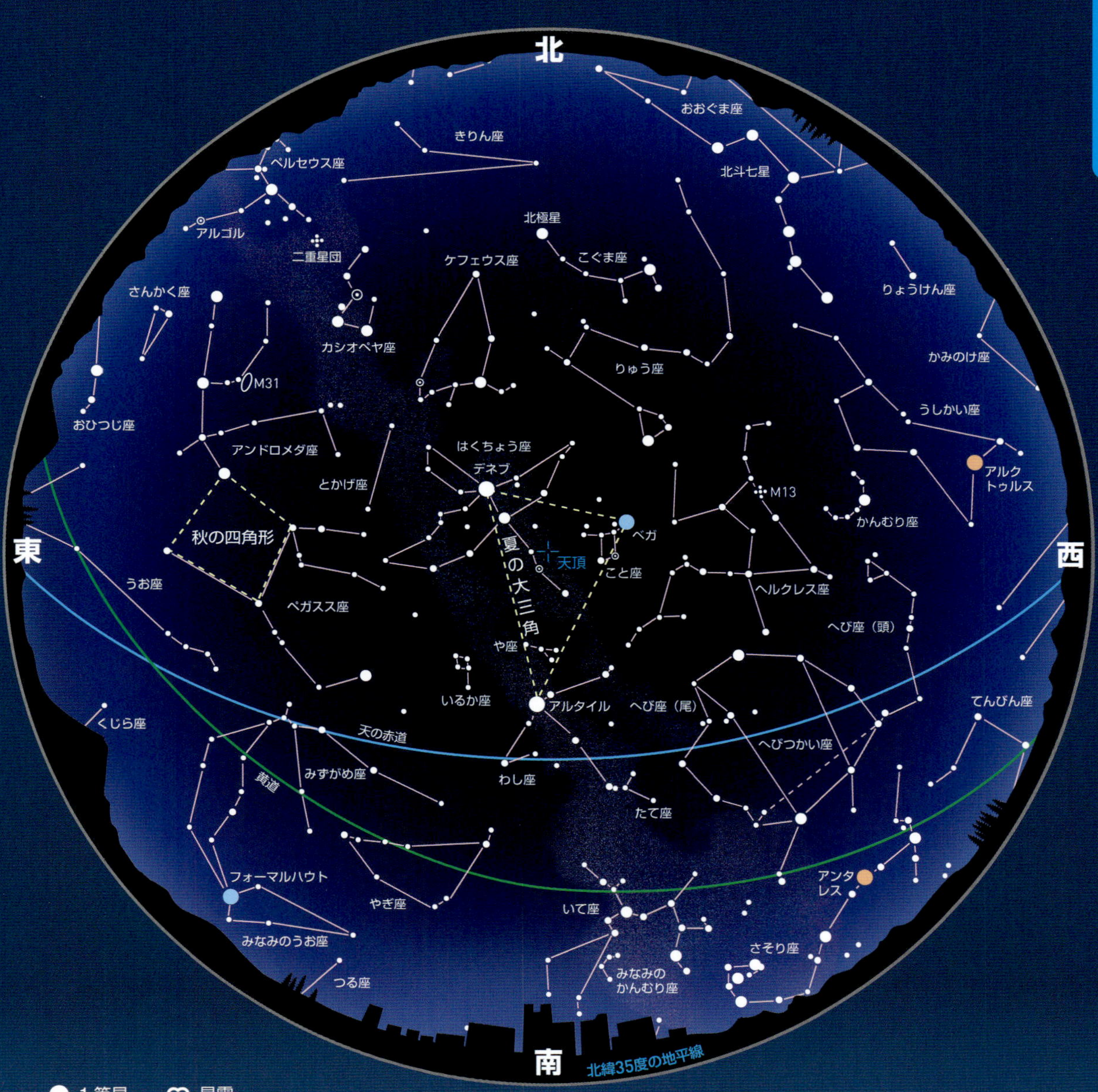

1等星
2等星
3等星
4等星
変光星
星雲
星団
銀河

星図の日時　9月1日21時
9月15日20時
9月30日19時

10月の星図

- 1等星
- 2等星
- 3等星
- 4等星
- 変光星
- 星雲
- 星団
- 銀河

星図の日時　10月 1日21時
10月15日20時
10月30日19時

11月の星図

- 1 等星
- 2 等星
- 3 等星
- 4 等星
- 変光星
- 星雲
- 星団
- 銀河

星図の日時　11 月 1 日 21 時
11 月 15 日 20 時
11 月 30 日 19 時

半身半馬の姿で空をかける勇者

秋の夜空で見ることができる星座にまつわる神話を紹介しよう。まずは，いて座の神話だ。

半人半馬のケンタウロス族の中に，ケイロンというすぐれた者がいた。ケイロンはあらゆる学術に秀でていたため，その元には多くの人々が教えを請いに訪れ，医神アスクレピオス，豪傑ヘラクレス，勇者アキレスなどが巣立っていったという。ある酒席で，ケンタウロス族のある者がヘラクレスと争い事をおこした。ケンタウロス族は洞窟に逃げこみ，追いかけてきたヘラクレスは洞窟に毒矢を放った。だが，そこはケイロンの住まいであり，毒矢はケイロンに当たってしまった。

ケイロンは不死身を授かっていたが，その痛みに耐えきれず，死んでしまった。ケイロンの死を残念に思ったゼウスは，その姿をいて座として天上に残したといわれている。

うお座にまつわる神話も紹介しよう。

アフロディテという美の女神がいた。彼女は息子のエロスとともに，ナイル川のほとりで開かれる神々の宴に招かれ参加した。宴が最高潮に盛り上がったころ，怪物デュポンがあらわれて神々を襲いはじめた。驚いたアフロディテは息子とともに，姿を魚に変えて川に飛びこんだ。そのときに2人がはぐれないようにと，アフロディテは2人の尻尾をリボンで結んだ。そのときの2人の姿がうお座として天上に残されたと伝えられている。

世界各地に，星にまつわる神話がある

星や星座にまつわる神話や伝説は，世界各地で見られる。主なものを下の表にまとめた。

地域	内容
中国	月の女神と星の関係をえがいた神話がある。中国では，皇帝が天と地の支配者とされていた。そのため，星の運行はていねいに観測・記録され，天体の動きは皇帝や国の運命をあらわすものと考えられていた。とくに北斗七星は重視された。
エジプト	王（ファラオ）と星が強く結びついていた。とくにオシリス王は，死後天に昇って星となり，死者の神や再生の神としてあがめられた。シリウスは農耕の季節を告げる星として，重要な意味をもっていた。
メソポタミア	神話に愛と戦争の女神が登場し，金星の象徴とされていた。
北欧	北の空に見られるおおぐま座やこぐま座が神話的な人物や動物に結びつけられている。
インド	星や天体に関する神話がたくさんある。独自の星座があり，星々にそれぞれ神聖な意味を与えている。
北アメリカ	北極星やオリオン座に関する伝説があり，星は神々と結びつけられている。
西アフリカ	亡くなった人の霊が星となって輝くといわれている。

いて座

1等星が二つある，オリオン座が見ごろ

冬は明るい星が多く，星座をさがしやすい。大都市でもベランダで観望できる，絶好の季節だ。

誰でもすぐにわかるのがオリオン座である。1等星が二つもあり，星座を形づくる主要な星はすべて2等星以上と，明るさも十分である。2等星が三つ直線上に並んだ三つ星を，明るい星が四角形に取り囲んだ形をしている。三つ星の下には，オリオン大星雲（M42）があり，肉眼でもぼんやりと見える。

オリオン座を追いかけて昇ってくるおおいぬ座，こいぬ座にもそれぞれ1等星がある。オリオン座のベテルギウス，おおいぬ座のシリウス，こいぬ座のプロキオンを結んだ三角形は「冬の大三角」とよばれている。

北の空には五角形のぎょしゃ座，頭上には仲良く二つの星が並んだふたご座が見られる。

冬の夜空で興味深いのは，南の地平線にあらわれる，りゅうこつ座の1等星，カノープスだろう（下の写真）。カノープスは，北日本をのぞく地域では低空にその姿を見ることができる。地球の大気の影響で，本来よりも赤く暗く見えるが，おおいぬ座のシリウスや冬の大三角を目印にして，南の地平線付近をさがしてみよう。

カノープス
尾山展望公園（東京都・青ヶ島村）で撮影されたカノープス。カノープスの上には，おおいぬ座のシリウスが見えている。

12月の星図

1 等星
2 等星
3 等星
4 等星
変光星
星雲
星団
銀河

星図の日時　12 月 1 日 21 時
12 月 15 日 20 時
12 月 30 日 19 時

1月の星図

- 1等星
- 2等星
- 3等星
- 4等星
- 変光星
- 星雲
- 星団
- 銀河

星図の日時　1月1日21時
1月15日20時
1月30日19時

２月の星図

● 1 等星　● 2 等星　● 3 等星　● 4 等星　◎ 変光星
星雲　星団　銀河

星図の日時　２ 月 １ 日 21 時
２ 月 15 日 20 時
２ 月 30 日 19 時

女好きのゼウスが空に昇ったおうし座

冬の代表的な星座である，おうし座の神話を紹介しよう。

全知全能の神ゼウスは女好きで，結婚後も相変わらず，美しい女性を見ては浮気をくりかえしていた。

あるときゼウスは「フェニキアの王女エウロパは絶世の美女だ」という噂話を耳にした。そこで，天上から見下ろすと，野原で花を摘んでいるエウロパを見つけ，さっそく牡牛の姿に変身し近づいた。エウロパは，真っ白で優しい眼をした牡牛を気に入り，牛の背中に乗った。すると牡牛は突然走りだし，そのまま地中海を飛び越えギリシャの沖合のクレタ島まで行ってしまった。クレタ島までさらわれてしまったエウロパではあるが，そこでゼウスと結ばれ，のちにクレタの王となるミノスら3人の息子を産んだ。おうし座は，このときのゼウスの姿をえがいたものだといわれている。また，おうし座には別の伝承もある。それによると，牡牛は川の神イナコスの娘・イオが牛の姿に変えられてしまったものだという。

イオはゼウスの妻ヘラに仕えていた，美しい女性だった。ゼウスはイオに近づき，二人の関係を知ったヘラはイオを牛の姿に変えて牛舎に閉じこめてしまう。そこでゼウスは，イオの父をよび，牛の姿に変えられてしまったイオを救いだすよう命じた。イオはなんとか救いだされたが，牛の姿のまま天に昇り，おうし座になったといわれている。

冬と春をつなぐふたご座にも，興味深い神話が伝わっている。ふたご座には明るい星が三つあり，このうち二つ並んだ兄弟星（1等星のポルックスと2等星のカストル）にちなんだ神話だ。

全知全能の神，ゼウスは王妃レダに恋心をいだく。ある日，水遊びに興じるレダに白鳥が近づいてきた。その白鳥はゼウスが化けたもので，白鳥とたわむれたレダはやがて二つの卵を産み落とした。一つはゼウスとのもので，もう一つは夫とのものであった。ゼウスとの卵からは，ポルックスと女子が生まれた。ちなみにこの女子はヘレネという名で，成長とともに絶世の美女となり，求婚者が絶えなかったという。夫との卵からはカストルと女子が生まれた。

ポルックスとカストルはとても仲がよかった。しかし悲しいことに，争いに巻きこまれてカストルは命を落としてしまう。ポルックスは，カストルと生死を分かち合いたいとゼウスに懇願した。二人の絆の強さに感心したゼウスは，二人を天に上げて星座とし，ふたご座としたといわれている。

おうし座

北斗七星の“ひしゃく”は10万年後にはひっくり返る

かつて恒星は，地球のような惑星とはちがい，まったく動かない星であると思われていた。そのため，恒常的（変化しないという意味）にそこにある星，“恒星”と名づけられたのである。

しかし実際には，恒星は高速で宇宙空間を動いている。恒星はどれも固有の運動をしているのだ。恒星が動いているように見えないのは，恒星までの距離が何光年もの遠方にあるため，その動きを短期間でとらえることができないからだ。

この固有運動によって，星座の形は長い時間の間に徐々に変化していく。たとえば北斗七星（おおぐま座）は現在，七つの星がひしゃくのようにつらなって見えているが，10万年後にはそれをひっくり返したような形になってしまうのである（右ページ）。

実はもっと短い時間の間にも，夜空には大きな変化がおきる。地球から星空を観測していると，星座はあたかも1日に1回，北極星を中心にまわっているように見える。しかし，数千年のちには星座の回転中心（北極点）は北極星ではなくなってしまうのである（26～27ページ参照）。

数千年程度の時間間隔では，個々の星座の形や星座どうしの位置関係はほとんどかわらない。しかし，北極点の位置が星座の間をぬうように動いていくのが観測されるのである。

北斗七星
八丈島で撮影された北斗七星。
右下には北極星も見える。

北斗七星の移り変わり

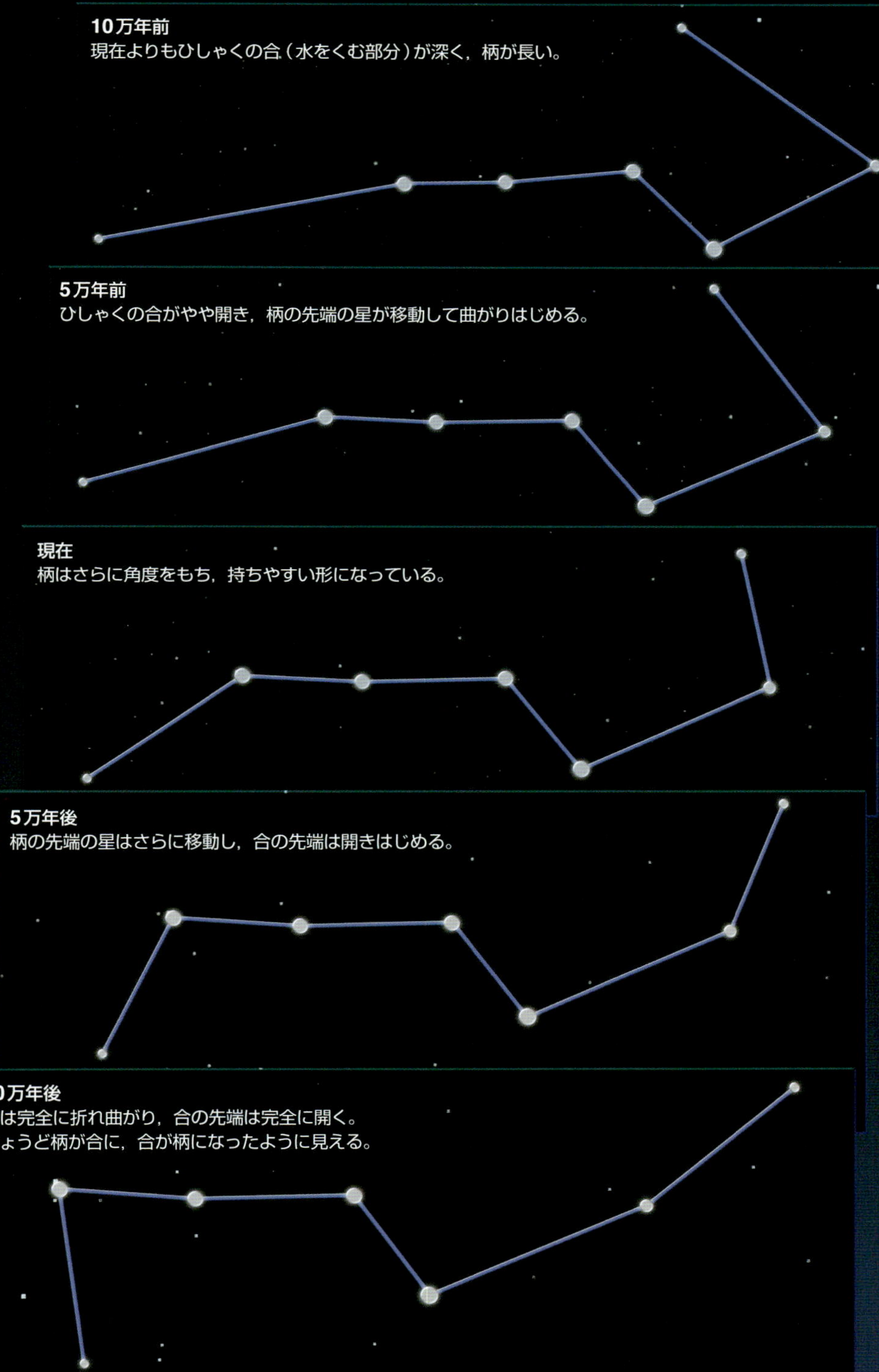
10万年前
現在よりもひしゃくの合（水をくむ部分）が深く，柄が長い。
5万年前
ひしゃくの合がやや開き，柄の先端の星が移動して曲がりはじめる。
現在
柄はさらに角度をもち，持ちやすい形になっている。
5万年後
柄の先端の星はさらに移動し，合の先端は開きはじめる。
10万年後
柄は完全に折れ曲がり，合の先端は完全に開く。
ちょうど柄が合に，合が柄になったように見える。

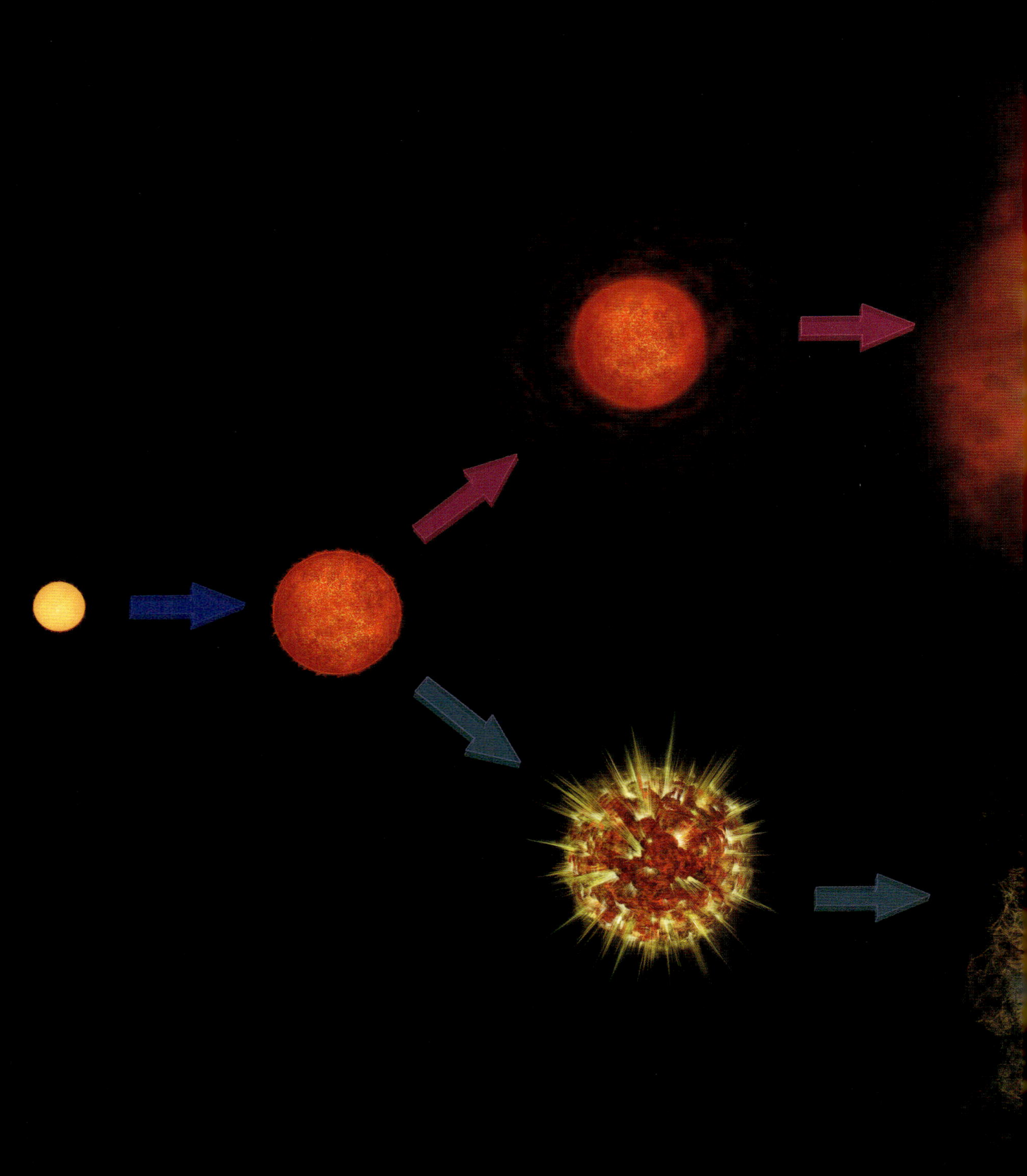

2
星の一生
The life of stars

明るさや色のことなる星が夜空を彩っている

プロキオン

シリウス

夜空をじっくり眺めていると，星の大きさや明るさ，色のちがいなどに気づくことがあるだろう。たとえばオリオン座のベテルギウスはオレンジ色に見えるが，リゲルは青白く見える。こうした特徴は，星の年齢や構成などのちがいによるものだ。

星（恒星）は星雲の中から誕生し，その一生は実にダイナミックである。それぞれの恒星がどのような生涯を送るのかは，その恒星の質量に大きく左右される。

次のページからは，華麗なる恒星の一生をたどっていこう。

ガスが高密度に集まった領域で，星は生まれる

星は「分子雲」とよばれる領域で生まれる。分子雲は星間ガスが高密度に集まったもので，水素分子を主成分としている。温度は10～100K（ケルビン※）程度，密度は1立方センチメートルあたり水素分子が100～100万個程度のものだ。大きさは数光年から数百光年程度と，大きな広がりをもっている。

分子雲の密度は星間空間の平均密度の100倍以上も高いために，水素原子はほとんどが水素分子になっている。なかでも高密度の「分子雲コア」では，単純な分子から複雑な分子への変化がおきており，これまでに100種以上の分子が発見されている。

若い高温の星は紫外線を強く放射し，まわりのガスを高温の電離ガスにかえる。こうしてつくられた電離ガスは高速で膨張し，分子雲を圧縮して分子雲コアをつくる。そこで高温の星が生まれ，分子雲を侵食するように新しい電離領域ができるのだ。このような過程が連続してくりかえされることにより，分子雲中では星の生成がくりかえされていく。

※：0K＝－273℃

分子雲の中でつくられる星のイメージ。太陽のような恒星の誕生と同時期に，分子雲のあちこちで，たくさんの星の“卵”がつくられる。イラストは，へび座 M16 中心部の暗黒星雲をモデルにした。

赤外線で輝いている，やがて恒星になる天体

分子雲の中で生まれた星は，成長して「原始星」とよばれる段階になる。原始星とは，恒星に成長する前段階にあり，赤外線で輝いている天体をいう。その放射エネルギーは太陽の数万倍も強いことがある。

恒星は分子雲中の高密度な「分子雲コア」が自己重力で収縮して誕生するが，収縮にともなってガスが中心部に集まり，原始星ガス円盤が形成される。

円盤の厚みは回転にともなってしだいに薄くなり，中心部は高密度になる。さらに収縮が進むと，円盤の中心に原始星ができるのだ。原始星の収縮によってぼう大な熱（重力エネルギー）が生みだされ，これが赤外線として放射され，星のまわりのガスの一部はジェットとなって噴きだしていく。

原始星が放射する赤外線は，最初のうちはガス円盤中のちり粒子に吸収されてしまうので，原始星の姿を外から見ることはできない。しかし，原始星の成長とともにしだいに赤外線は外にもれてくるようになる。

やがて原始星の収縮が止まり，中心部で核融合反応がはじまる。その結果，光が強く放射されるようになる。これが星の誕生だ。原始星ガス円盤の赤道面にはちり粒子が沈殿し，惑星系がつくられることもある。

原始星ガス円盤の中心に原始星があり，円盤に対して垂直方向にジェットを噴きだしている。生まれたばかりの原始星は重力収縮によって輝いているが，まわりのガスでおおわれているためによくみえない。

核融合反応がはじまって誕生する明るい星

原始星が成長して核融合反応を開始したものを「恒星」という。恒星が誕生する分子雲は，主成分である水素分子からなるガスが，背後の天体の光をさえぎって暗くみえるので，「暗黒星雲」とよばれることもある。ただし，1立方センチメートルあたりに含まれる水素分子は100～100万個程度で，日常的な感覚からいえば真空といえる密度だ。分子雲の質量は，太陽の100倍程度から10万倍程度，温度は10～100Kである。

通常，分子雲の中では多数の恒星が，同時期に誕生する。太陽も，おそらく集団で生まれたのだと考えられるのだが，誕生からすでに約46億年がたち，その間に太陽は天の川銀河を20周以上しているので，“兄弟”たちとは，はなればなれになってしまったようだ。また，原始星の周囲には，ガスとちりの円盤（原始惑星系円盤）が形成されるので，そこから太陽系のような多様な惑星が誕生する。

なお，太陽は単独の恒星だが，宇宙では，二つ以上の恒星がたがいの周囲をまわり合う「連星系」の方が多数派のようだ。

恒星が生まれるガス雲の中心部は，数千万Kという高温だ。このような高温状態では，原子から電子がはぎ取られ，裸の原子核が高速で飛びまわっている。これらが衝突すると，融合して重い元素にかわるが，この反応を「核融合」という。核融合反応は，質量の減少をともなうが，その質量の減少分がエネルギーにかわるのだ。恒星の主成分は水素なので，水素が融合してヘリウムになるという，いわば水素の燃焼がおきている。

中心部の水素が燃えつきてしまうと，今度はヘリウムの芯が収縮して温度が上昇し，ヘリウムが融合して炭素にかわる核融合反応になる。こうして内部でより重い元素を合成していくことによって，星のエネルギーが生みだされるのだ。このプロセスと進む速度は，星の質量によってことなる。

恒星の誕生とエネルギー

恒星の誕生のようすを右ページ上のイラストで示した。宇宙でガスの濃い「分子雲」という領域で，とくに密度の高い領域（分子雲コア）がみずからの重力によって収縮していき，恒星が誕生する。右ページ下のイラストは，太陽の中心部でおきている核融合反応をえがいたものだ。核融合反応の前後では，反応後のほうが質量は軽くなる。この質量の減少分がエネルギーとして発生する。$E=mc^2$ は特殊相対性理論に出てくる関係式で，質量がエネルギーに変換できることを示している。

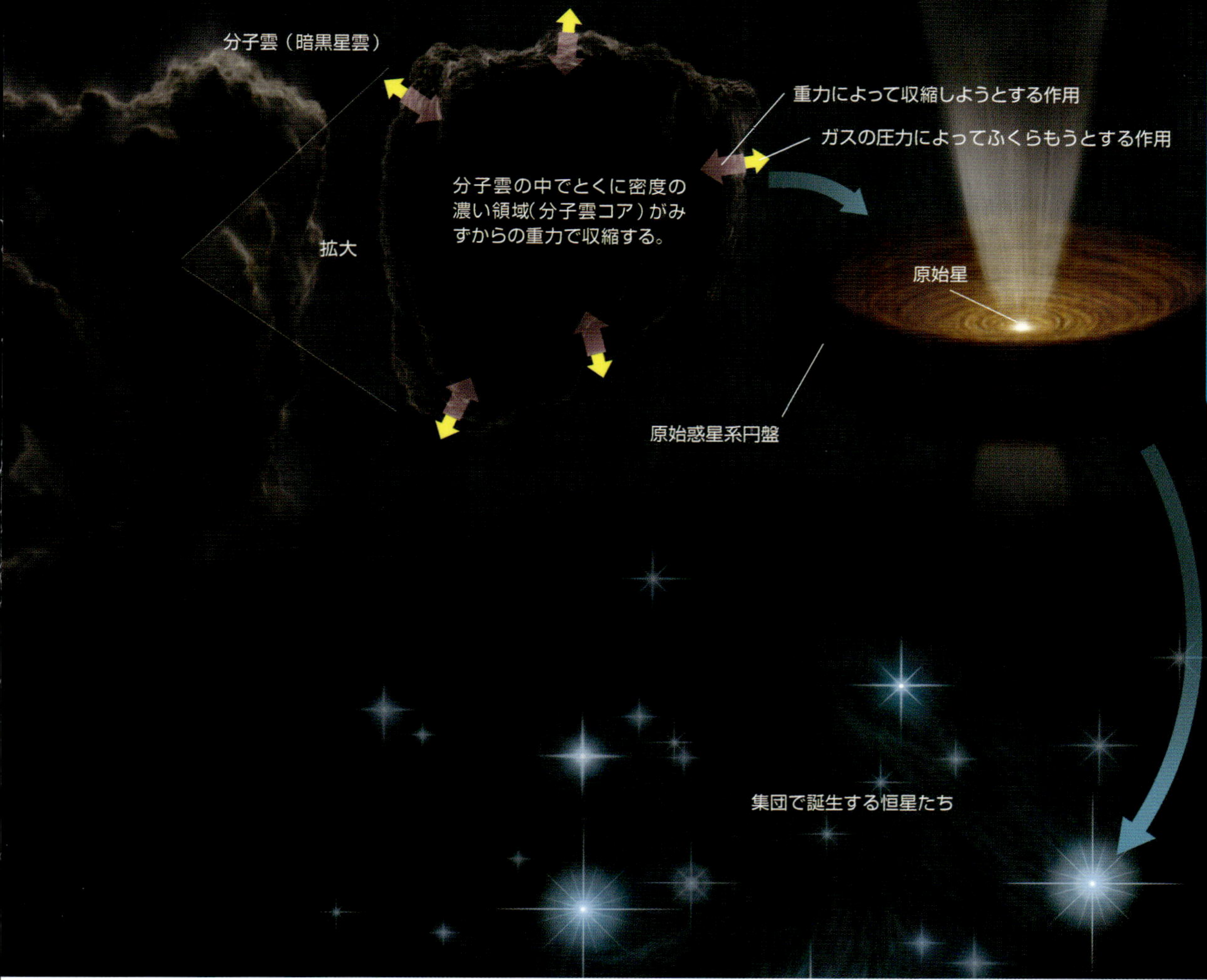

分子雲（暗黒星雲）
重力によって収縮しようとする作用
ガスの圧力によってふくらもうとする作用
分子雲の中でとくに密度の濃い領域（分子雲コア）がみずからの重力で収縮する。
拡大
原始星
原始惑星系円盤
集団で誕生する恒星たち

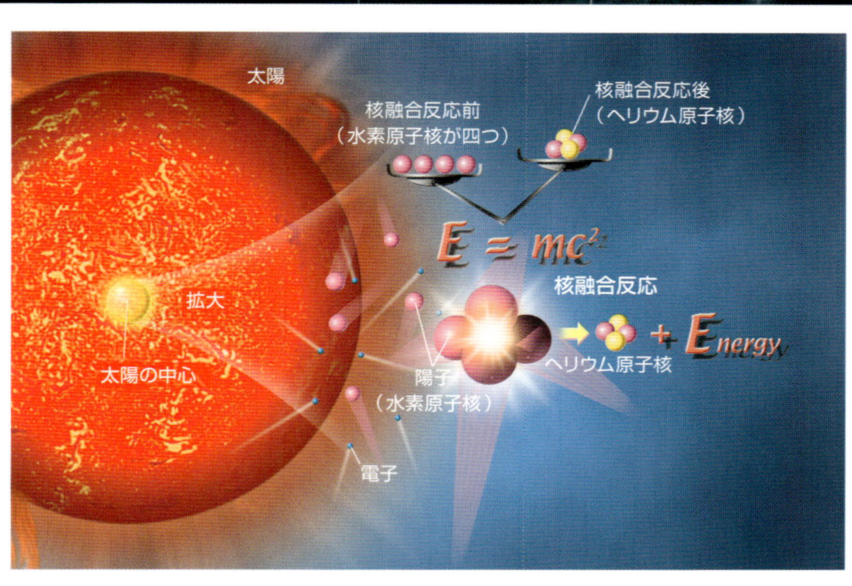

太陽
核融合反応前
（水素原子核が四つ）
核融合反応後
（ヘリウム原子核）
E = mc²
核融合反応
拡大
太陽の中心
陽子
（水素原子核）
ヘリウム原子核
+ Energy
電子

SECTION 25

Nebula

星雲

ガスのまとまりが雲のように見える天体

星雲とは, 輝く雲のようにみえる天体のことだ。高密度のガスと固体のちり粒子(分子雲)からなり, その見え方のちがいから,「暗黒星雲」と「散光星雲」がある。

暗黒星雲はちり粒子が濃いところで, 背後の星の光をさえぎっているため, 真っ黒に見える。密度の濃い分子雲は, やがて恒星として輝きだす。みなみじゅうじ座のコールサック, オリオン座の馬頭星雲が有名だ。大きさは10光年程度である。

散光星雲は「輝線星雲」と「反射星雲」に分けられる。分子雲の近くに紫外線を放射する若い高温の星(誕生したての恒星)があると, 雲の主成分である水素原子は電子をはぎ取られてしまう(電離)。電離水素は特有の赤い光を放つが, これが輝線星雲で, その例として, いて座のオメガ星雲, 干潟星雲がある。大きさは数十光年である。反射星雲は, 分子雲中のちり粒子が近くの星の光を反射して輝くもので, プレアデス星団のまわりの反射星雲がよく知られている。輝線星雲よりも規模は小さく, 青い光で輝く。輝線星雲と反射星雲は近くにあることが多いようだ。

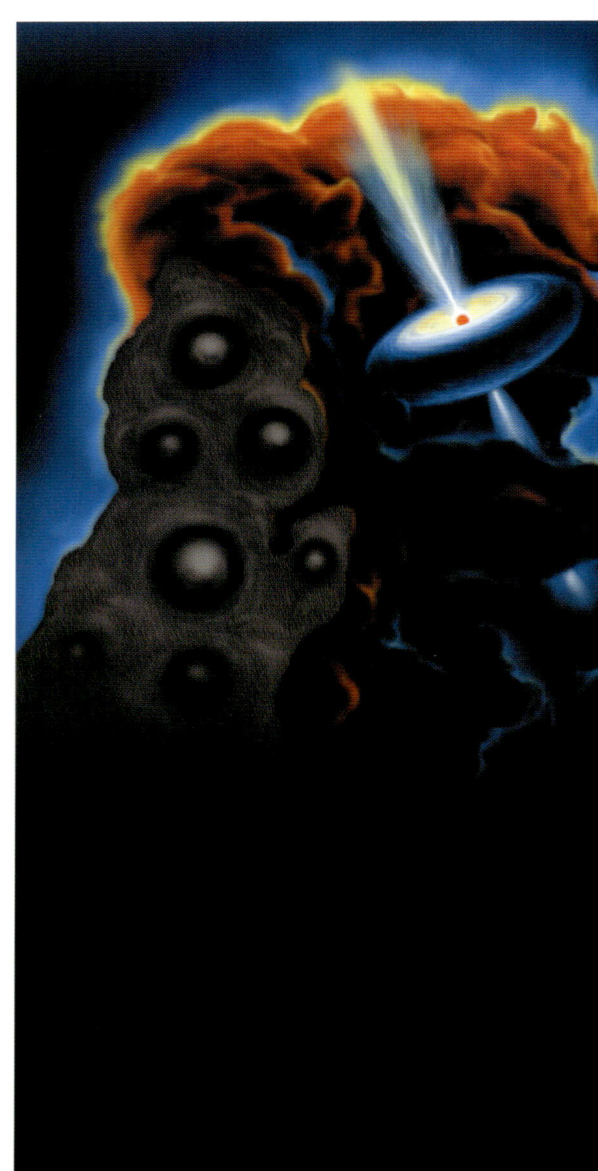

暗黒星雲（左）と散光星雲（右）

暗黒星雲は宇宙をただようガスやちりを含み，光を出さない低温の雲である。ここではガスが分裂・収縮して，星が生みだされる。生まれかけの星は，高速で回転する円盤をつくり，ジェットを噴きだす。円盤の中心には，赤外線を出して輝く原始星がある。このような星の卵をたくさん抱えている星雲としては，へび座にあるわし星雲M16の中の暗黒星雲がある。

暗黒星雲で生まれた星の卵が育ち，巨大な星として輝きだすと，やがて強い紫外線を放つようになる。星の周囲に残っていたちりが吹きはらわれ，暗黒星雲はそのエネルギーを受けて光を放ちはじめる。これが散光星雲である。オリオン星雲は，中心に生まれたばかりの四重星「トラペジウム」を抱く散光星雲である。

恒星どうしの距離は，とてつもなくはなれている

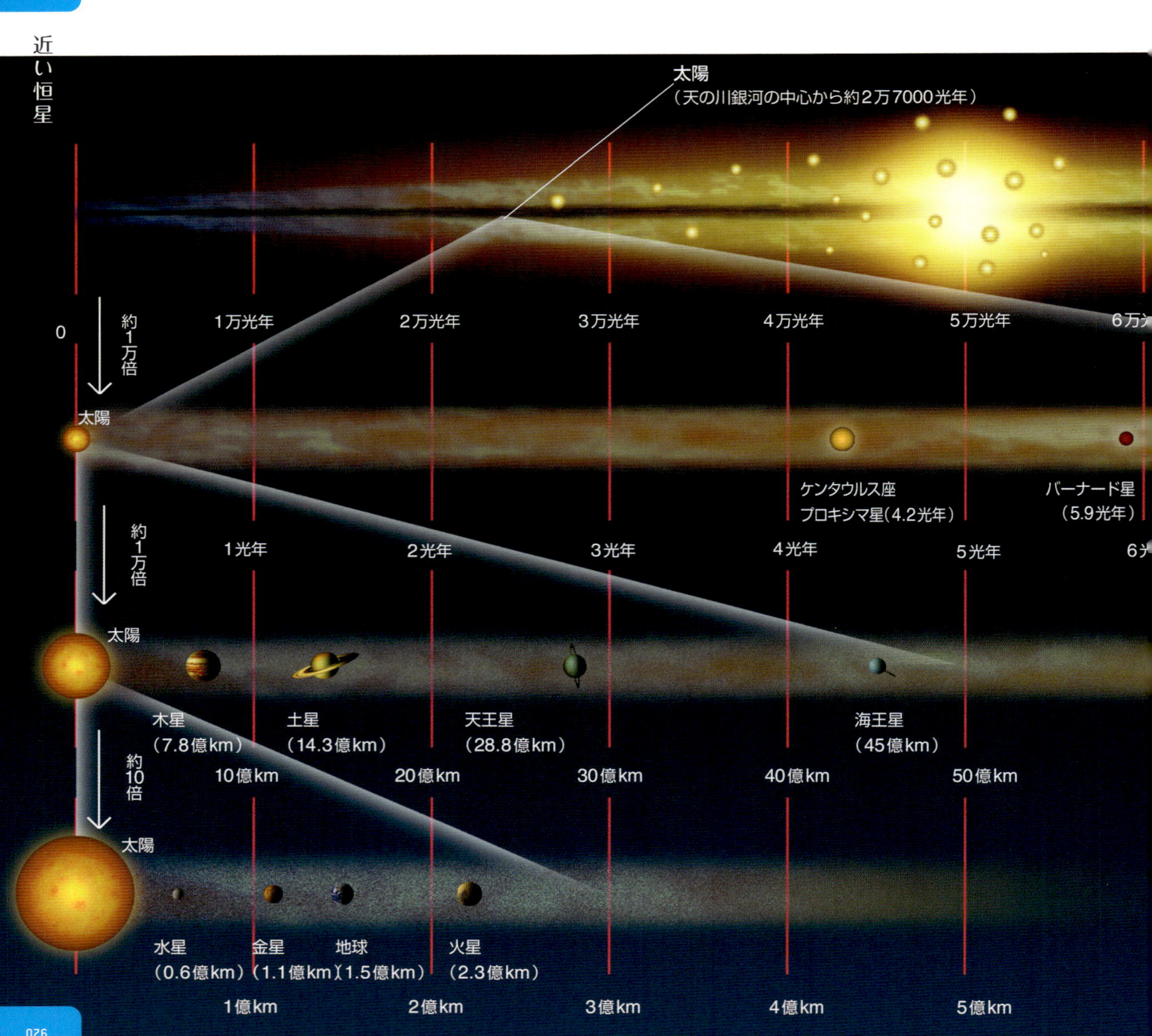

地球から最も近い恒星は太陽である。では，太陽に最も近い恒星はどこにあるのだろうか？　それはケンタウルス座にあるケンタウルス座プロキシマ星（約4.2光年，およそ40兆キロメートル）である。

人類がつくりだしたものの中で最も地球からはなれた場所にあるのが，探査機「ボイジャー」である。1977年に打ち上げられたボイジャー1号は，現在太陽から約250億キロメートルの位置にいる（2025年1月現在）。太陽から海王星までは約45億キロメートルなので，その5倍近くの距離にまで到達している。しかし最も近い恒星ケンタウルス座プロキシマ星まで到達するには，約7万4000年もの飛行をつづけなければならない。ボイジャー1号はプロキシマ星を目指しているわけではないが，太陽から最も近い恒星に到達することさえ，少なくとも当分の間は人類にとって不可能といえるのである。

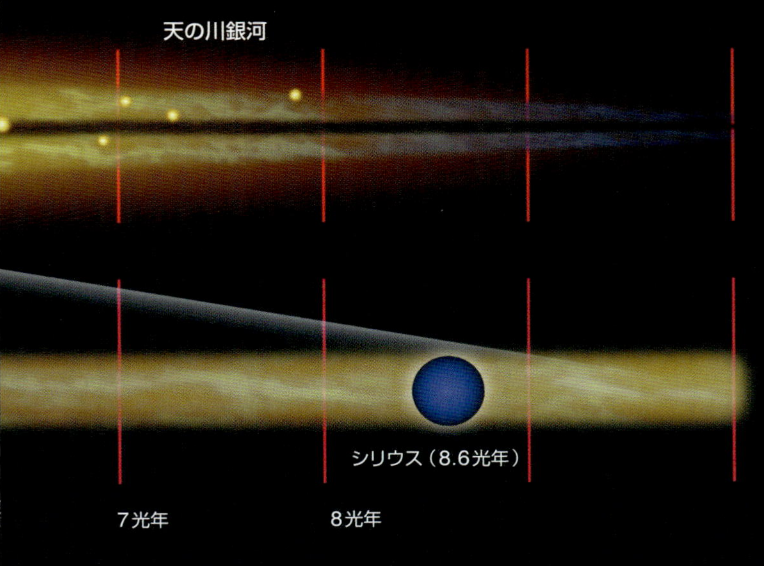

太陽から近い距離にある恒星

	星名	距離
1	ケンタウルス座プロキシマ星	4.2光年
2	ケンタウルス座アルファ星	4.3光年
3	バーナード星	5.9光年
4	ウォルフ359	7.7光年
5	ラランド21185	8.3光年
6	くじら座UV星	8.4光年
7	おおいぬ座シリウス	8.6光年
8	ロス154	9.7光年
9	ロス248	10.4光年
10	エリダヌス座ε星	10.5光年
11	CD－36° 15693	10.7光年
12	ロス128	10.9光年
13	L789－6	11.2光年
14	はくちょう座61番星	11.4光年
15	こいぬ座プロキオン	11.5光年
16	BD＋59° 1915	11.6光年
17	グルームブリッジ34	11.7光年
18	G51－15	11.7光年
19	インディアン座ε星	11.8光年
20	くじら座τ星	11.9光年

天体の距離感をはかってみよう

天の川銀河の直径は約10万光年。天の川銀河の一部を1万倍に拡大すると，太陽とその近傍の恒星が見えてくる。さらに1万倍すると，太陽系内の木星以遠の惑星が見える。地球や火星など，太陽に近い惑星はさらに10倍してやっとその距離をつかむことができる。

COLUMN

天文学者の目を太陽系から天の川銀河へと広げた

ドイツ出身の音楽家でありながら，イギリスで天文学者として大きな業績を上げたウィリアム・ハーシェル（1738 ～ 1822，下の写真）は，みずから巨大な望遠鏡を製作し，天王星を発見したことでも知られている。

そのハーシェルが，星を観測する中から生まれてきたのが，1784年に提唱したハーシェル独自の「宇宙モデル」だ。

ハーシェルは，夜空を600以上の区画に分割し，自作の口径47センチ望遠鏡を使ってそれぞれの区画にある星の数を数えた。星は一様に分布していると仮定し，星の数の統計をとった結果，太陽を含む星の大集団（天の川銀河）が凸レンズ状の形をしているという宇宙モデルにたどりついたのだ。

ハーシェルは，天の川に星が多くみえるのは天の川が凸レンズのような薄い円盤の形をしていて，太陽系もこの中にあるからだと考えた。つまり凸レンズの中から見ると，レンズのへりの方向へ無数の星が重なり合って，それが太陽系を取り巻く帯のようにみえるというのだ。ハーシェルはその凸レンズの直径が約6000光年で，太陽はほぼその中心にあると考えた。後に，この値や凸レンズの中の太陽の位置もちがっていたことが判明したが，ハーシェルの宇宙モデルは，天文学者の目を太陽系から天の川銀河へと広げた画期的な発見であった。

ウィリアム・ハーシェル。ドイツ出身の音楽家だが，天文学者としても功績を残した。巨大な望遠鏡を自作し，宇宙のなぞを解明しようとした。天王星を発見したことでも知られる。

ハーシェルの測定方法

ハーシェルは星の数から天の川銀河（宇宙）の形を推定した。その際，すべての星の絶対的な明るさは等しいこと，星の分布にかたよりはなく平均的に散らばっていること，天の川銀河（宇宙）の端まで見通せていること，の三つの仮定をしている。ハーシェル自身，この仮定の誤りには気づいていたが，当時の技術や知識では解決できない問題だった。

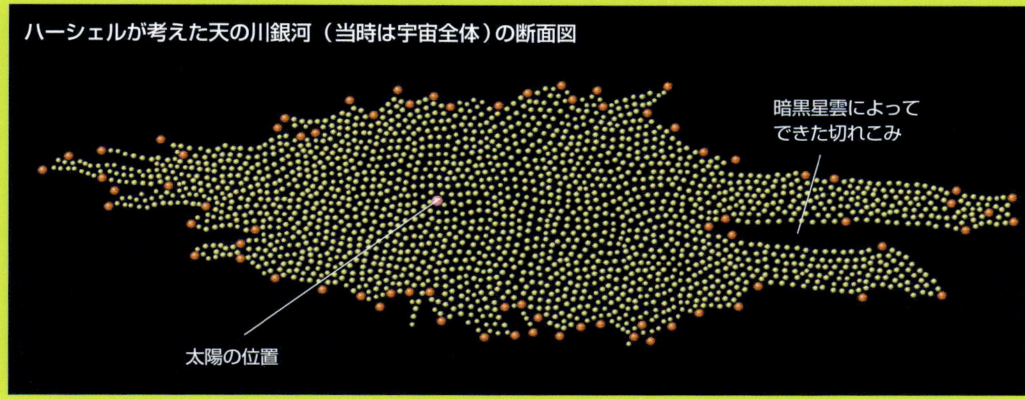

イラストは，ハーシェルが考えた天の川銀河を，太陽の位置を通るように切った断面図。ハーシェルの見積もりでは，太陽は天の川銀河のほぼ中心にあることになっている。ちりがとくにたくさん集まった「暗黒星雲」の部分は星が見えにくく，ハーシェルのモデルには不自然な「切れこみ」ができている。

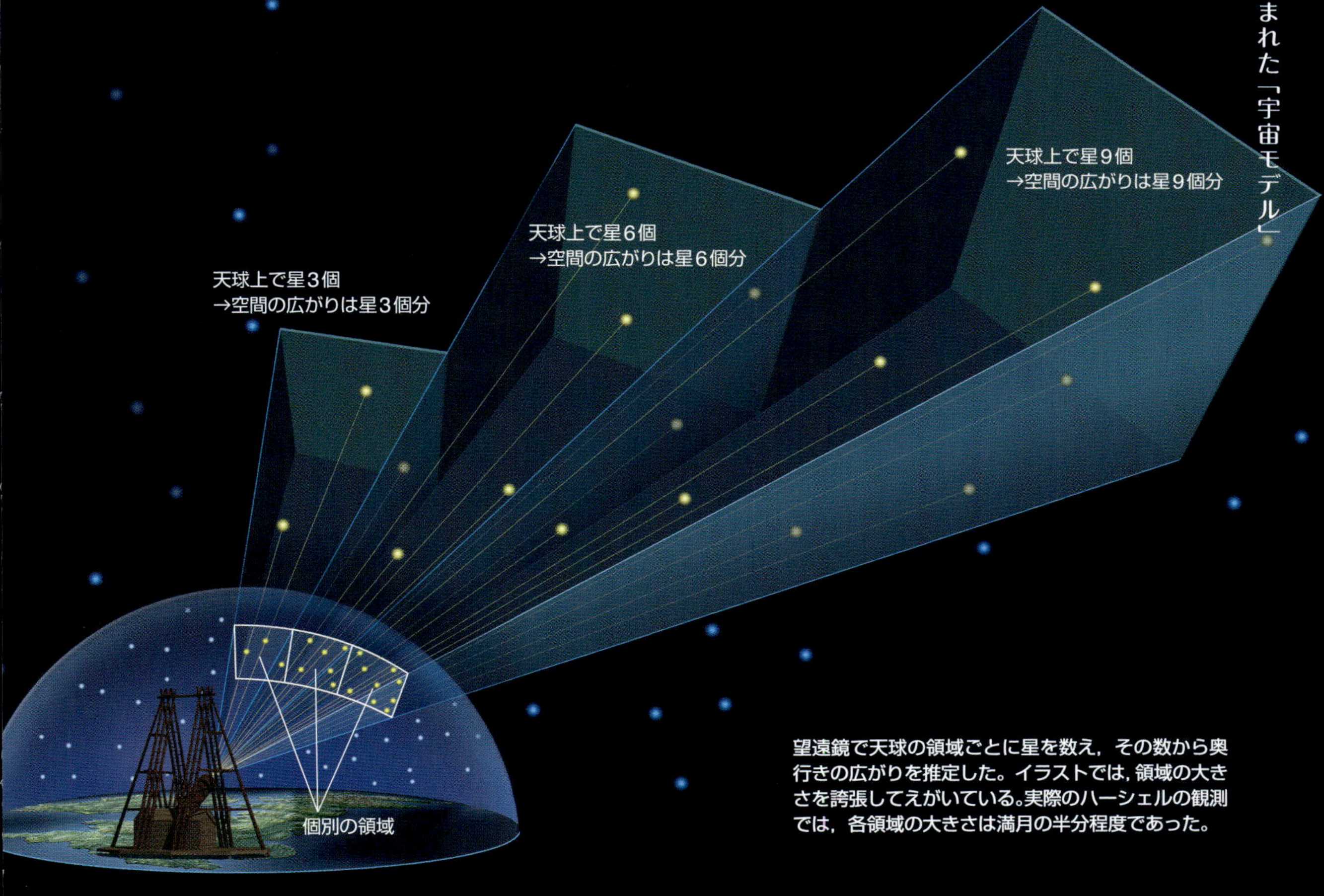

望遠鏡で天球の領域ごとに星を数え，その数から奥行きの広がりを推定した。イラストでは，領域の大きさを誇張してえがいている。実際のハーシェルの観測では，各領域の大きさは満月の半分程度であった。

同じ距離でくらべると，太陽はそれほど明るくない

星の明るさ（地球から見た明るさ）は，「1等星」や「2等星」といったよび方，つまり「等級」であらわされる。

古代ギリシャの天文学者ヒッパルコス（紀元前190ごろ～前125ごろ）は，夜空の中で最も明るい星たちを1等星とし，晴れた夜空でかろうじてみえる暗い星たちを6等星とした。そして，その間の明るさの星たちを順に2～5等星に分類した。等級の数が小さいほど，星が明るいことを意味し，等級の数が大きいほど，星が暗いことを意味する。

19世紀になるとイギリスの天文学者ノーマン・ポグソン（1829～1891）が，感覚的ではない定義を考案した。1等星の平均的な明るさと，6等星の平均的な明るさの差が約100倍であることが観測によってわかったので，「100倍の明るさの差を5等級の差とする」と定義したのだ。

これは，次の式に置きかえることができる。2.5×2.5×2.5×2.5×2.5＝約100。2.5を5回かけ合わせる，つまり1等級分の明るさの差は約2.5倍ということになる。これによって，1から6以外の等級もあらわせるようになった。

通常，2等星は，「1.5等以上，2.5等未満」を指し，それ以降も同様になる。ただし1等星は，1.5等未満の明るい星すべてを指すことがある。

地球に近い星は明るく，遠い星は暗くみえる。しかし，明るい星だからといって地球に近いというわけではなく，暗いからといって地球から遠いというわけでもない。星のほんとうの明るさは，地球から等距離のところに置いてくらべてみなければわからない。

星の明るさを示すときには，先に述べたような等級分けが一般的だが，このような等級を「実視等級」という。実視等級は，あくまで私たちの眼にはどのような明るさでみえるかということを示したもので，星までの距離はいっさい考慮されていない。古代ギリシャでは，星は天球にはりついているものであり，すべて同じ距離にあると思われていた。そのために，単純に明るさを等級分けしたのだが，それはあくまでみかけの明るさにしかすぎない。天文学が発達して，宇宙は広大無辺な空間であることがわかってくると，当然，星までの距離はさまざまであることがわかる。

そこで，ほんとうの明るさを知るために考えられたのが「絶対等級」だ。絶対等級では，すべての星を地球から同じ距離（10パーセク＝32.6光年）にもってきたときに何等級になるのかを調べる。こうして調べると，実視等級ではマイナス26.8等であった太陽も絶対等級は4.8等となり，一般的な恒星であることがわかる。

実視等級と絶対等級

実視等級とは地球から観測した場合の明るさで，絶対等級とは32.6光年の距離に置いて観測した場合の明るさである。32.6光年よりも近い星の絶対等級は実視等級よりも大きく（暗く）なり，逆に遠い星の絶対等級は実視等級よりも小さく（明るく）なる。

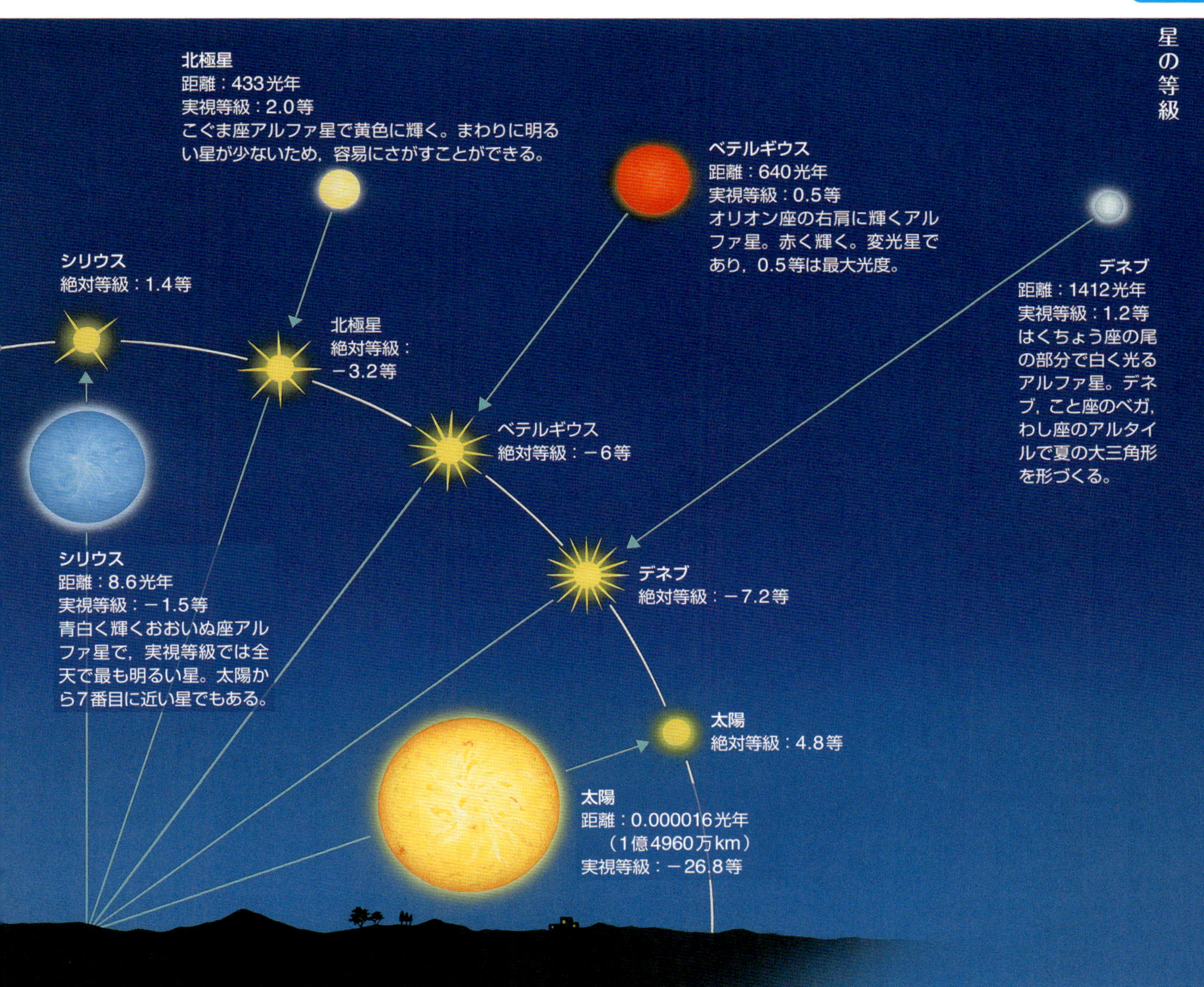

SECTION 28

The brightest star in the sky

全天で最も明るい星

冬の大三角の一角で青白く輝くシリウス

おおいぬ座のα星（星座の中で最も明るい星）である「シリウス」は，全天で最も明るく輝く恒星だ。冬の大三角の一角をなし，寒い季節に夜空に燦然と輝く。そのマイナス1.5等の青白い光には魅了される人も多い。日本では，その明るさと色から，「大星」あるいは「青星」とよばれ，中国では「天狼星」とされていた。古代エジプトでは，この星が日の出前の東の地平線に上ってくるのを，ナイル川のはんらんの目安として，暦のはじまりと決めたほどである。

シリウスに伴星が存在することは，その位置の周期的な変化から，ドイツの天文学者フリードリヒ・ビルヘルム・ベッセル（1784～1846）が1844年に予言した。その伴星は1862年に発見され，「シリウスB」と命名された。この伴星が「白色矮星」とよばれる特殊な天体であることは，20世紀になってから判明した。くわしく調べたところ，温度の高い白色の恒星であることがわかったのである。その当時，すでにエリダヌス座40番星の伴星の一つが白色矮星であることがわかっており，シリウスBは，歴史上2番目に発見された白色矮星となった。

全天で最も明るい星

おおいぬ座のシリウス

シリウスは「おおいぬ座」に属している。画像は，「おおいぬ座」が南の空に上った姿を福島県で撮影したものだ（撮影：藤井旭）。画像の中央付近に写る青白い大きな星が，シリウスの主星「シリウスA」である。シリウスBはシリウスAの左下に位置するが，この画像からは判別できない。

星の色は，表面温度によってことなる

恒星の分類の一つに，「スペクトル型」というものがある。これは，恒星をスペクトル線の種類や強度によって分類したものだ。スペクトル線のみえ方は，星の元素組成によるほか，星の表面温度や表面重力によってかわるので，その特徴によってスペクトル型を決めている。たとえばO型では，電離ヘリウム，高電離の酸素，窒素，炭素などのスペクトル線がある。

スペクトル型を表面温度の高いほうから順に並べると，O，B，A，F，G，K，Mとなる。O型の星の表面温度は約5万K，M型は約3500K。太陽はG型で，表面温度は5780Kだ。

また星の色は表面温度によってことなるので，スペクトル型から星の色を知ることもできる。O型やB型の星は青白く，A型，F型は白色，G型は黄色，K型はオレンジ色，M型は赤色と変化していく。太陽は黄色の星だ。このほか，特異な化学組成を示すR型，N型，S型などがある。

同じスペクトル型でも，半径の小さい矮星（主系列星，右のイラスト）と，半径の大きい巨星がある。

星の明るさと表面温度の関係をあらわす「HR図」

右のイラストは，恒星の明るさと表面温度（色）の関係をあらわした「HR図」である。天の川銀河の恒星の90％程度が，HR図の左上の明るく青白い星から，右下の暗くて赤い星へかけての対角線上に並ぶ。この線を「主系列」とよんでおり，太陽はこの線上に並ぶ恒星（主系列星）であることがわかる。主系列星は，核融合反応の出すエネルギーでみずからの重さを支え，安定して輝いている。太陽の場合，寿命が尽きる頃になると地球軌道よりも大きく膨張して「赤色巨星」になり，HR図の上では，主系列から右上へ移動していく。そしてしだいに左に移り，やがては左下方の「白色矮星」になる。

太陽近傍にある主要な星の HR 図
横軸に恒星の色（温度），縦軸に恒星の明るさをとった図。ここでは太陽の近くの主要な恒星をプロットした。

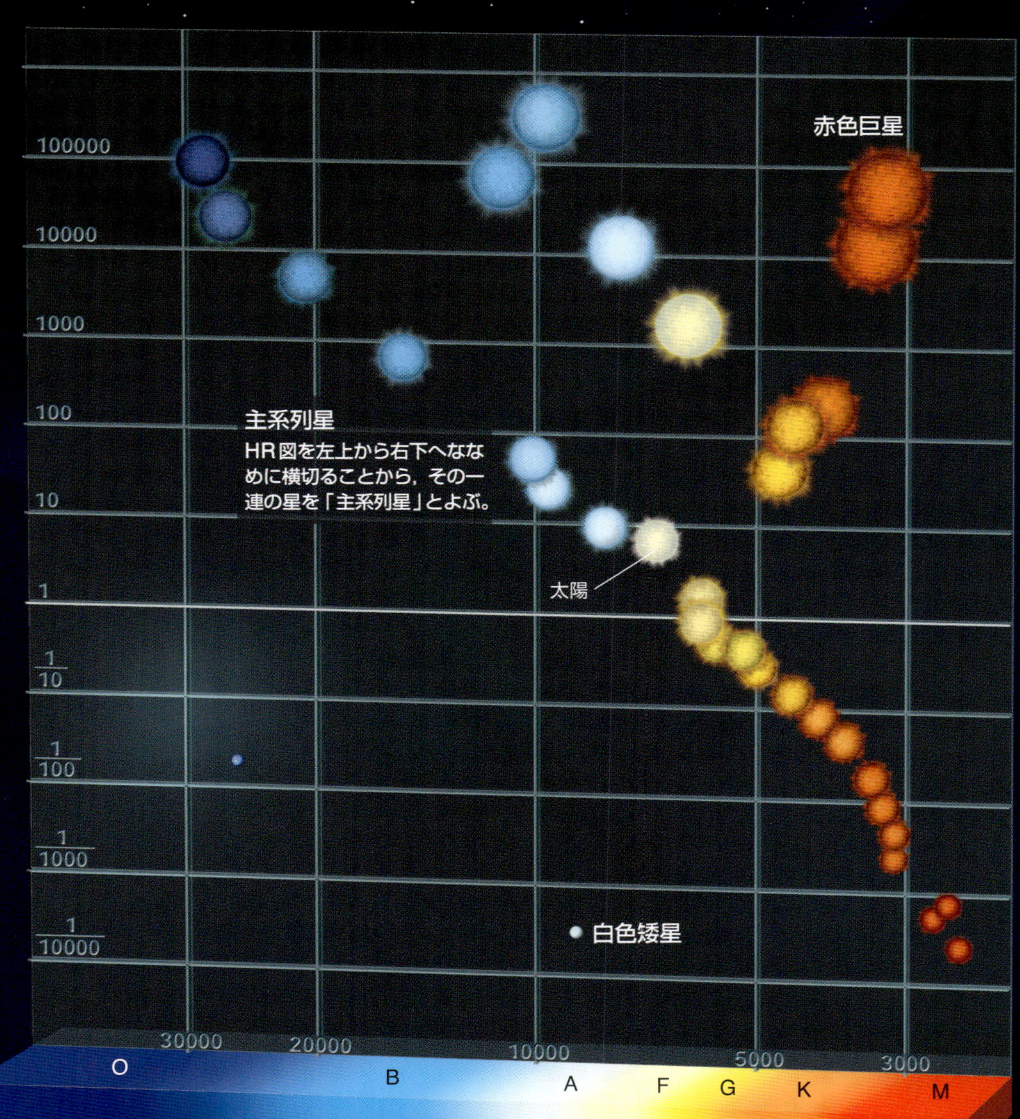

SECTION 30

Bright Stars

明るい恒星

1等星の半数以上が地球から100光年未満にある

星空の中でもひときわ目立つ1等星より明るい恒星の3Dマップを見てみよう（イラスト）。これらの星は非常に目立つため，星座を形づくる主役となっている。1等星より明るい星は全部で21個あり，11個は100光年未満の近距離に存在する。100光年以上遠い星の場合は，巨星や超巨星といったそれ自体非常に明るい（絶対光度が大きい）星でないと，地球から1等星として見えることはない。逆に，おうし座のアルデバランのように，絶対光度が小さい暗い星でも近距離にあるために1等星となっている星もある。こうしてみると星の見かけの等級も，星座と同じように地球から見た場合にだけ意味をもつことがわかる。

1等星より明るいと一口にいっても，おおいぬ座のシリウスとオリオン座のベテルギウスなどは見た目の色が全くちがう。恒星はそれぞれ固有の色や明るさをもっている（前ページ）。

恒星は一生の大部分を主系列星として過ごす。その寿命は，質量によってことなり，質量が大きいほど寿命は短い（次のページでくわしく）。

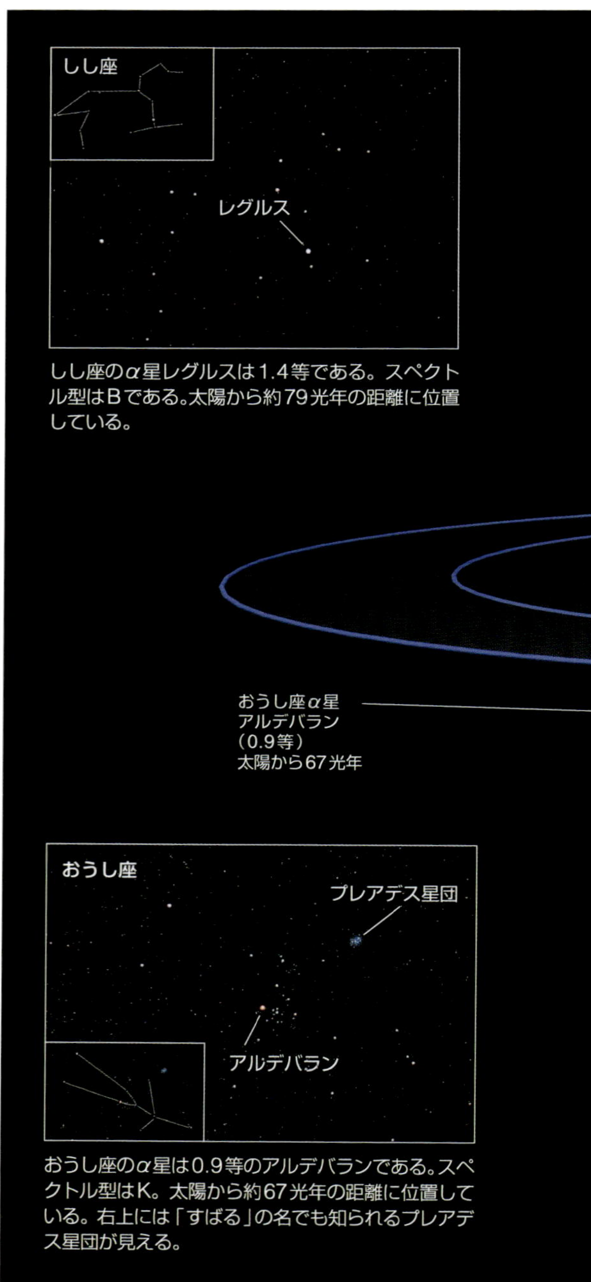

しし座のα星レグルスは1.4等である。スペクトル型はBである。太陽から約79光年の距離に位置している。

おうし座のα星は0.9等のアルデバランである。スペクトル型はK。太陽から約67光年の距離に位置している。右上には「すばる」の名でも知られるプレアデス星団が見える。

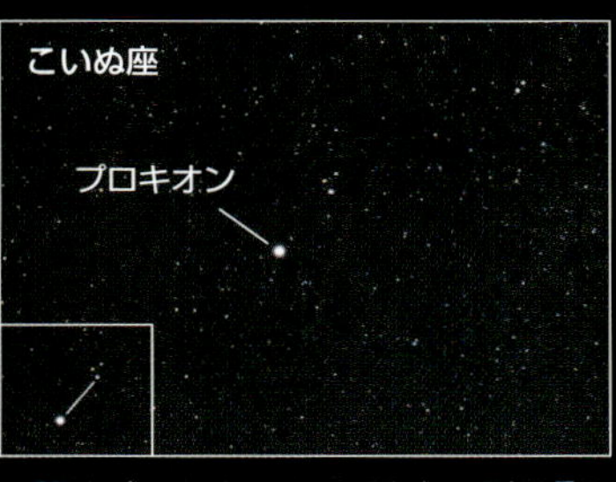

α星はプロキオンでスペクトル型はFである。0.4等で太陽から約11光年の距離に位置している。

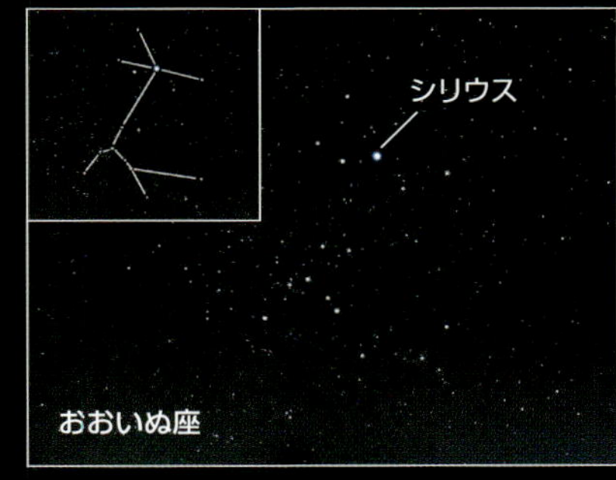

おおいぬ座のα星は，全天一明るい恒星として有名なシリウスである。－1.5等でスペクトル型はA。太陽から約8.6光年の距離に位置している。

しし座α星レグルス
（1.4等）
太陽から79光年

ぎょしゃ座α星カペラ
（0.1等）
太陽から43光年

ふたご座β星
ポルックス
（1.1等）
太陽から34光年

こいぬ座α星
プロキオン
（0.4等）
太陽から11光年

おおいぬ座α星
シリウス
（－1.5等）
太陽から8.6光年

うしかい座α星
アークトゥルス（0等）
太陽から37光年

こと座α星ベガ
（0等）
太陽から25光年

太陽系
（実際は点に
しか見えない）

わし座α星アルタイル
（0.8等）
太陽から17光年

天の川銀河中心方向

25光年
50光年
75光年
100光年
銀河面

ケンタウルス座α星
（－0.01等）
太陽から4.3光年

みなみのうお座α星
フォーマルハウト
（1.2等）
太陽から25光年

星座名・恒星名
（実視等級）
太陽からの距離（光年）

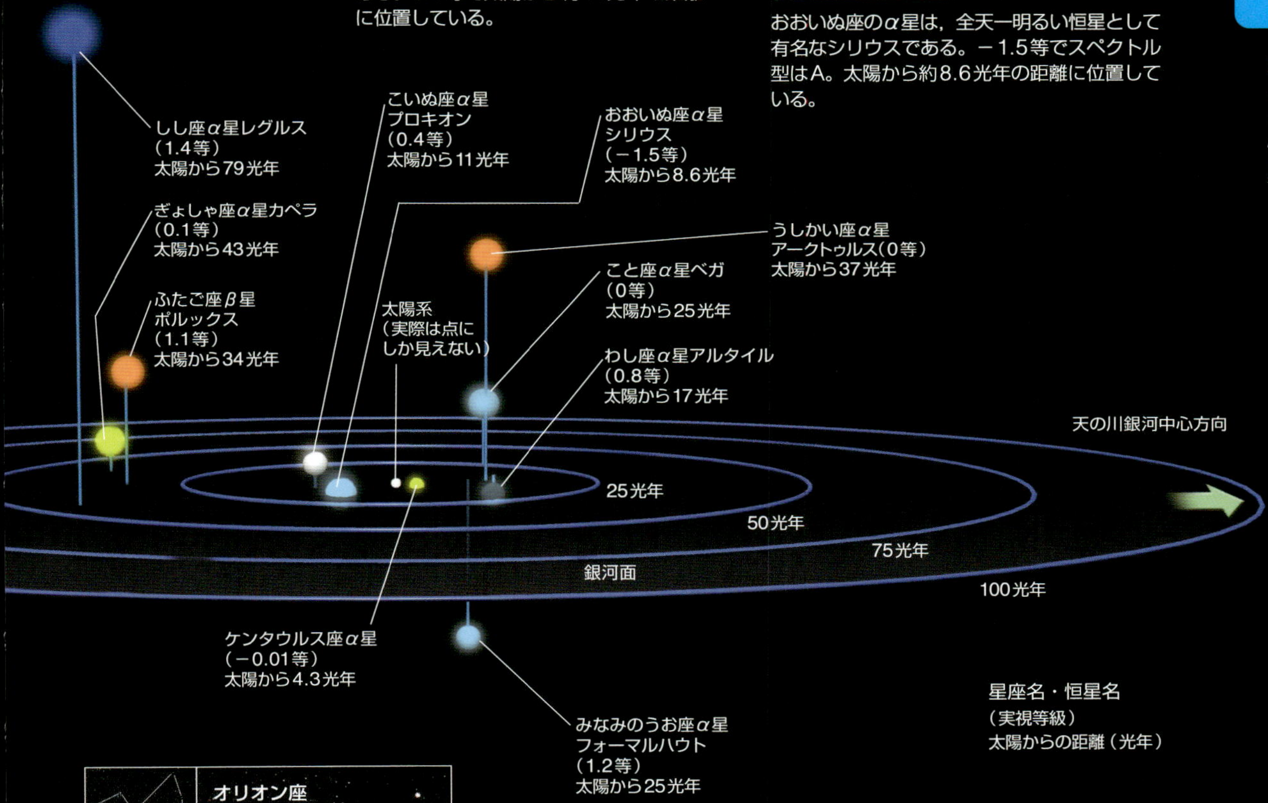

α星のベテルギウスのスペクトル型はMで，赤色超巨星である。変光星であり，0.4等から1.3等まで明るさをかえる。

100光年以上の距離にある1等星より明るい星

1. オリオン座β星リゲル（0.1等）
   太陽から約863光年
2. オリオン座α星ベテルギウス（0.5等）
   太陽から約498光年
3. みなみじゅうじ座α星（0.8等）
   太陽から約322光年
4. みなみじゅうじ座β星（1.2等）
   太陽から約279光年
5. りゅうこつ座α星カノープス（－0.7等）
   太陽から約309光年
6. エリダヌス座α星アケルナル（0.5等）
   太陽から約139光年
7. おとめ座α星スピカ（1.0等）
   太陽から約250光年
8. ケンタウルス座β星（0.6等）
   太陽から約392光年
9. さそり座α星アンタレス（1.0等）
   太陽から約554光年
10. はくちょう座α星デネブ（1.2等）
   太陽から約1412光年

SECTION 31

恒星のおだやかな死と壮絶な死

恒星の2通りの死をイラストで示した。軽い恒星は，ガスを周囲に放出していき，おだやかな死をむかえる。一方，重い恒星は，星全体が吹き飛ぶような大爆発をおこし，壮絶な死をむかえる。

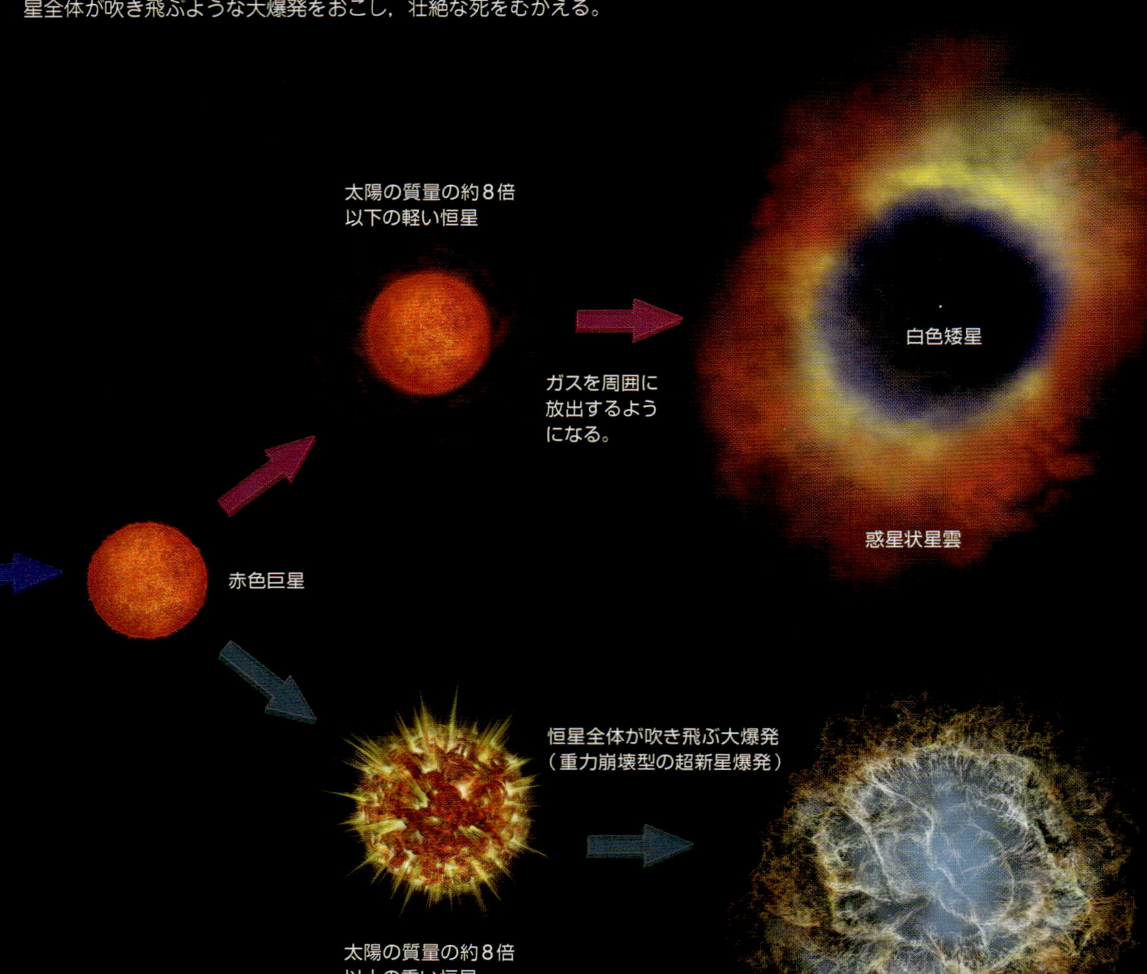

太陽の8倍以上重い星は，壮絶な死をむかえる

恒星がどのような死をむかえるかは，その質量によってかわってくる。太陽の質量の約8倍以下の恒星は，比較的おだやかな死をむかえる。ガスを徐々に宇宙空間に放出していき，最終的には，恒星の中心部分だけが残される。残された天体は1立方センチメートルあたり1トンもの高密度で，「白色矮星」とよばれる。その大きさは地球程度になる。核融合はおこしていないため，徐々に冷えて暗くなっていく。赤色巨星の時代に放出された周囲のガスは，白色矮星が放つ紫外線を受けて輝き，「惑星状星雲」として観測される。

一方，太陽の約8倍以上の重い恒星は，大爆発（重力崩壊型の超新星爆発）をおこして壮絶な死をむかえる。そして周囲には，超新星残骸とよばれる，光輝く構造が残される。爆発によって星の大部分は吹き飛ぶが，中心には，白色矮星をこえる高密度な中性子星やブラックホールが残される。

恒星の死は，新たに生まれる恒星の材料を宇宙空間にふたたび供給することになる。星の中では，核融合反応によって，水素や炭素，酸素など多様な元素が合成される。また，超新星爆発の際にも，核融合反応によって，さまざまな重い元素が合成される。

1054年に観測された超新星爆発の残骸であるかに星雲。黒い点線で丸く囲ったところが中心部。そこを拡大したのが右の写真で，ここには爆発でつくられた中性子星が残されている。

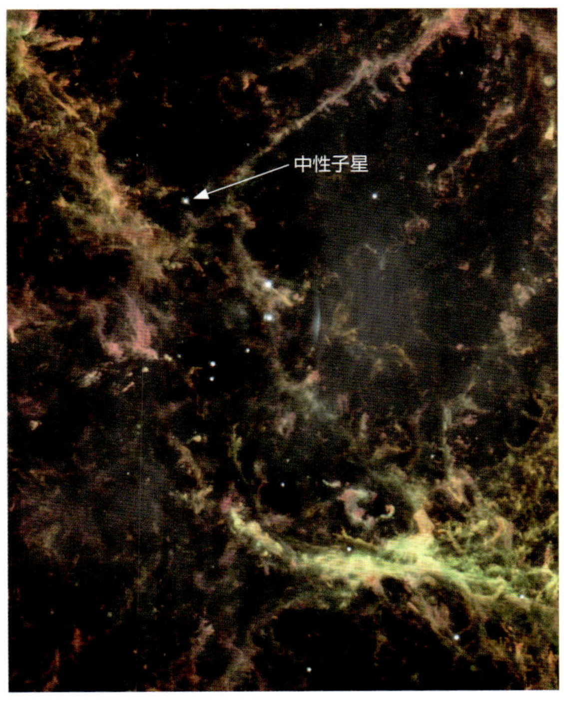

SECTION
32

The lifespan of a star

恒星の寿命

重くなればなるほど恒星の寿命は短い

恒星の寿命とは，どれほどのものだろう。まず，太陽の0.08倍以下の質量の場合，核融合反応がおきず，褐色矮星となるので，寿命を定義することができない。

それより大きな質量をもつ恒星は，核融合反応をおこし，その一生の約9割の時間を主系列星として過ごす。したがって恒星の寿命はほぼ主系列星の期間といえる。そして，その期間を左右するのが恒星の質量だ。主系列星としての段階で，太陽と同じ一生をたどるのは，質量が太陽の0.08～8倍の星だけと計算されており，太陽くらいの質量の場合，寿命はおよそ100億年といわれている。

質量の大きな星は，それだけ核融合の燃料源である水素の量も多く，重い星ほど重力によって中心核が圧縮されるので，高温になり，核融合反応がはげしくなる。たとえば，質量が太陽の10倍の星は，燃料も太陽の10倍あり，中心核の温度は2倍になり，太陽の4700倍も明るく輝くと計算されている。つまり，それだけ燃料の消費も速いので，寿命は単純計算で太陽の470分の1，約2000万年ほどになる。つまり，重い星ほど短命な一生を送ることになる。

太陽の0.08～8倍の質量をもつ恒星は，最期に白色矮星になる。一方，質量が太陽の8～25倍の恒星の場合，最期は中性子星となる。また，質量が太陽の25倍以上あった場合，その寿命はおよそ500万年ほどで，最期はブラックホールになる。

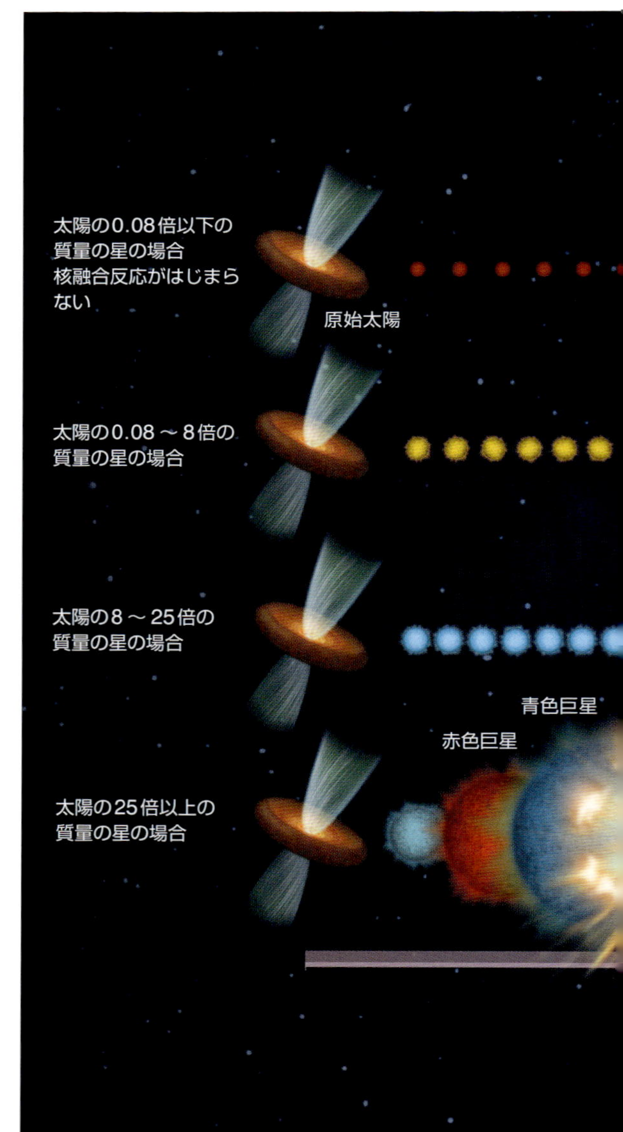

恒星の質量と寿命の関係

星はその質量によって，大きく分けて4通りの一生の送り方があると考えられている（イラスト）。そして，質量が大きいほど，はげしく核融合反応がおきるため，寿命が短くなる。

星の質量は，暗黒星雲の中で誕生するときに集まる物質の量で決まる。それは，暗黒星雲の中の密度や，近くの天体の影響などさまざまな条件に左右される。

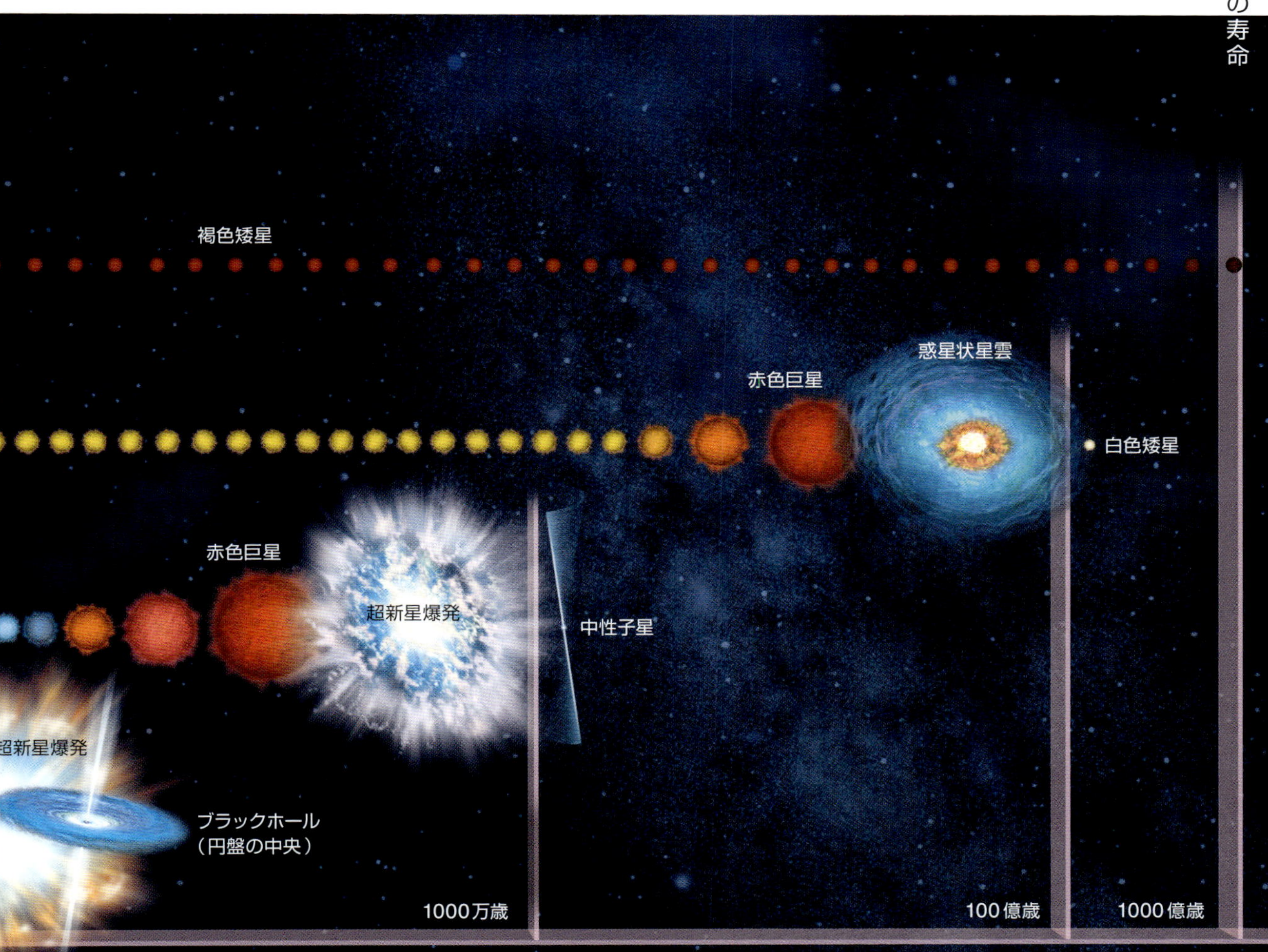

恒星はその化学組成によって二つに分類される

恒星の分類には「星の種族」というものもある。これは，天の川銀河の中の恒星を化学組成から「種族Ⅰ」と「種族Ⅱ」に分類したものだ。種族Ⅰの星は重い元素を多く含み，種族Ⅱの星には重い元素が少ないという特徴がある。この場合の重い元素とは，水素とヘリウム以外のものを指している。

種族Ⅰの星は，主として銀河円盤に分布している。その典型的な星は青白く輝く若い星だ。太陽は種族Ⅰの星だが，約46億歳という年齢は，種族Ⅰの星の中では比較的歳をとっていると考えられている。

種族Ⅱの星は，主として銀河円盤のまわりのハローや中心部のバルジに分布している。その典型的な星は赤い色の歳をとった星で，年齢は100億歳以上に達しているとされる。

種族Ⅱの星は，天の川銀河が形成されたころに生まれた。その中の重い星は早く一生を終え，超新星爆発をおこして質量の大部分を吹き飛ばした。これらの星がつくりだした炭素，酸素，鉄などの重い元素もいっしょに噴きだし，銀河円盤面に降り積もっていったが，これらの重い元素が水素とともに集まって生まれたのが種族Ⅰの星だ。そのため種族Ⅰの星には，重元素が多く含まれているのだ。

現在残っている種族Ⅱの星は，天の川銀河が形成されたころにつくられた星が，超新星爆発をするほどの大きさになれなかったためにそのまま残されたものと思われる。種族Ⅱの星は固有運動（宇宙空間を動いていくこと）が大きく，天の川銀河の中を高速で移動しているが，それは天の川銀河を形成したガス雲の運動の名残を残しているためと考えられている。

種族Ⅰと種族Ⅱの星

右ページに種族Ⅰと種族Ⅱの典型的な天体をあげた。ベテルギウスは年老いて太陽の数百倍に膨張した種族Ⅰの「赤色巨星」，シリウスは種族Ⅰの軽い星の残がいである「白色矮星」をともなう。重い星の残がいが中性子星やブラックホールで，はくちょう座X-1はその例である。太陽は種族Ⅰの主系列星である。種族ⅡのおおぐまSXは銀河円盤から遠いハローで生まれ，太陽の近くまでやってきた星である。

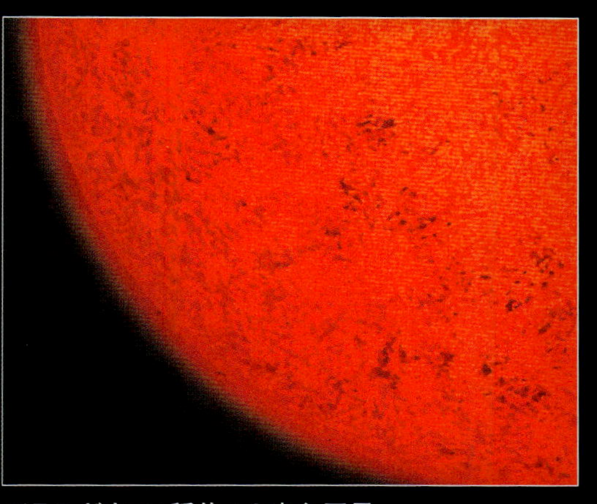
ベテルギウス：種族Ⅰの赤色巨星

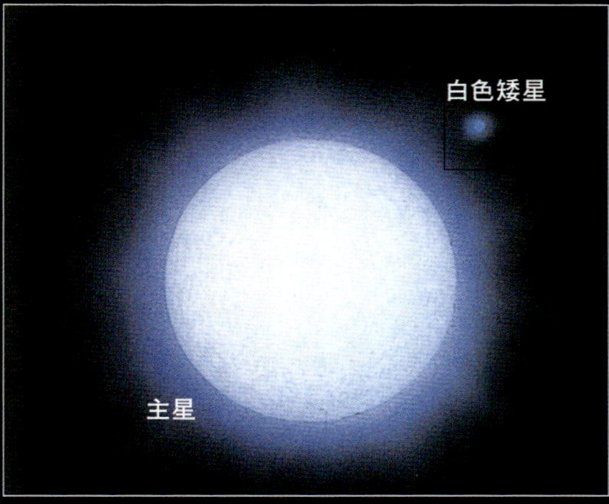

シリウス：種族Ⅰの主系列星とその伴星

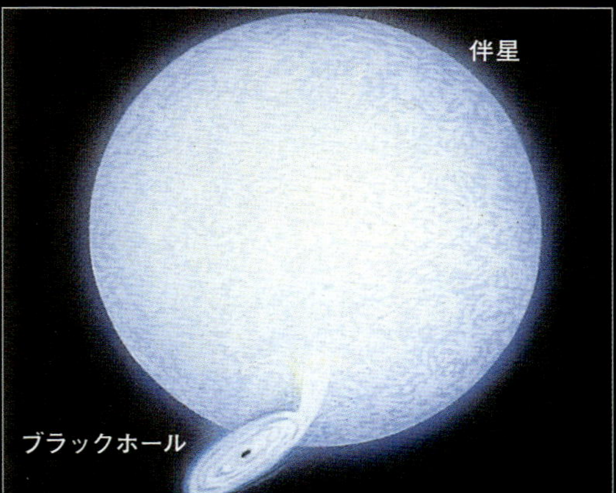

はくちょう座X-1：種族Ⅰの星の残がい

太陽：種族Ⅰの主系列星

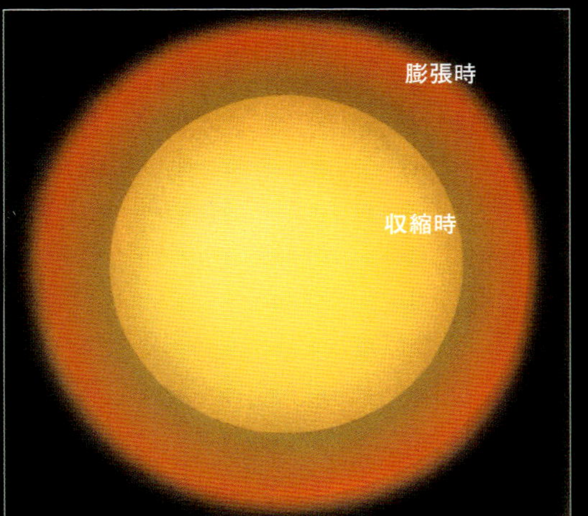

おおぐま座SX：種族Ⅱの脈動変光星

赤色巨星から白色矮星，最後は黒色矮星へ

「赤色巨星」とは，半径が大きく，表面温度が低くて赤い星だ。その半径は太陽の数百倍，地球軌道ほどにもなる。スペクトル型はK型，M型（表面温度5000～3000K）。さそり座のアンタレス，うしかい座のアルクトゥルス，オリオン座のベテルギウスなどがよく知られている。

恒星は，中心部の水素の燃焼（核融合反応）によって主系列星として長い間輝きつづける。しかし，水素を燃焼しつくしてしまうと，中心のヘリウムの芯が収縮していくのに対して，星の外層はどんどん膨張していく。このように収縮する力と膨張する力のバランスがくずれ，膨張をはじめた恒星が赤色巨星である。

赤色巨星は表面積が大きいので，きわめて明るくみえる。また低温なので，赤外線から可視光の赤色の光を強く放射しているため，赤くみえる。

軽い星が年老いた赤色巨星では，重力の弱い表面から大量のガスが流れだして宇宙空間にとけこんでいき，惑星状星雲を形成するが，外層のガスをすべて失うと，収縮した中心部が「白色矮星」として残る。

白色矮星は，地球程度の半径で，質量は太陽ほどもある高密度（5×10^8キログラム／立方メートル）の星だ。おおいぬ座のシリウスの伴星，こいぬ座のプロキオンの伴星のほか数百個が知られている。

白色矮星の表面温度は1万K以上という高温だ。しかし表面積が小さいので，暗くて発見しにくい星である。白色矮星は，太陽の数倍以下の質量の星が進化した最後に残されたコアだ。中心のコアは，みずからの重さを電子の縮退（電子をこれ以上つめこめないほどつめこんだ状態）圧で支えるところまで収縮して白色矮星となっている。白色矮星の内部では核融合反応はおきない。内部の熱エネルギーを光として放出していくにつれて，温度は下がっていき，その色も黄色から赤色にかわり，最後には黒色矮星となってみえなくなる。

一方，質量が太陽の8％以下の小さな星である「褐色矮星」は，質量が小さいため中心部の温度が核融合反応がおきるほど高くならない。このような星は，重力によって収縮するときに熱を解放して赤外線で輝くが，そのエネルギーを使い果たしてしまうと，暗黒の天体となる。

太陽が赤色巨星となって巨大化したときの
地球のイメージ。

白色矮星のイメージイラスト。

褐色矮星の想像イラスト。

SECTION 35

恒星が最期に放出したガスが輝いている状態

Planetary nebula

惑星状星雲

星雲の中でも，円盤状に見える星雲を「惑星状星雲」という。ウィリアム・ハーシェルが，観測中に望遠鏡でのぞいた星雲の中に，惑星のように見えるものがあったことから，惑星状星雲と名づけられたが，実際にはいろいろな形のものがある。

惑星状星雲は天の川銀河の中心方向に密集している。近距離のものでは，こと座のリング星雲，こぎつね座のあれい状星雲（右ページの画像），みずがめ座のNGC7293などがよく知られている。

比較的軽い恒星が進化の最終段階で膨張して赤色巨星になると，その表面から大量のガスが流れだしていく。この中ではちり粒子や分子がつくられており，それらが太陽系の100倍もある巨大な球状や双極状の殻を形成することがある。

星雲の中心には，外層を失ったコアからなる高温のコンパクトな白色矮星があり，その星が放射する紫外線によって，まわりのガスが光り輝いている。これが惑星状星雲だ。星雲は秒速数十キロメートルの速度で膨張をつづけている。

星雲のガスとちり粒子はしだいに薄くなって，数万年後には宇宙空間にとけこんでしまい，最期には中心の白色矮星だけが残される。

惑星状星雲

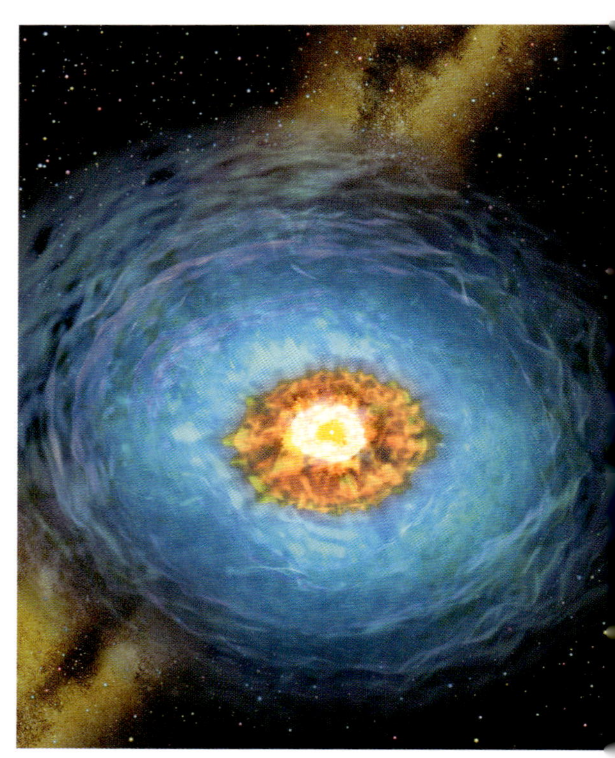

赤色巨星の外層部分が吹き飛び，惑星状星雲となった直後の姿の想像図。青色の部分は赤色巨星末期に放出されたガス，赤茶色のところは「スーパーウィンド」とよばれる，質量の大放出によるガスとちりの濃いところ，それより内側は電離されたガスである。最も外側の青色は，中心の星からもれでてきた青い可視光を反射して光っている。

夏の大三角に囲まれた，「こぎつね座」という目立たない星座がある。この星座にあるのが「M27」という惑星状星雲だ。下の画像はチリにある超大型望遠鏡（Very Large Telescope）を用いて撮影された，M27の可視光画像である。M27のガスの分布をよく見ると，球状に広がっている部分（緑色）と，鉄アレイに似た形をした部分（赤色）があるのがわかる。

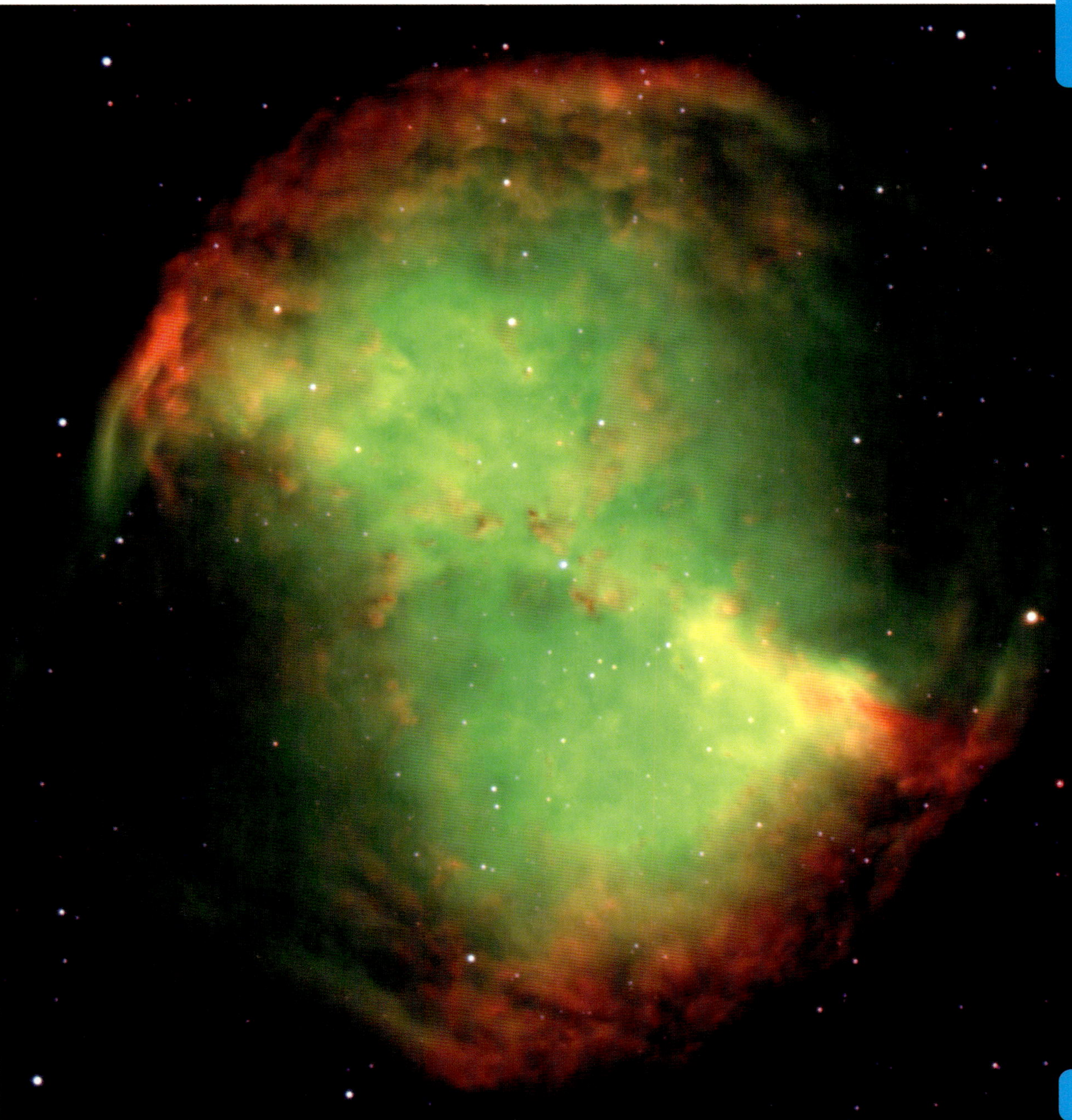

SECTION 36

Variable Star

変光星

明るさがさまざまに変化する恒星

明るさ（光度）がさまざまに変化する恒星，それが「変光星」だ。光度が変化する原因は，連星の食現象によるもの（食変光星）と，恒星内部の物理的な要因によるもの（物理的変光星）とに大きく分けられる。

「食変光星」の例として，ペルセウス座のアルゴルがあげられる。アルゴルは，2.867日の周期で明るい星を暗い星がかくすため，2.1等から3.4等の間で光度が変化している。

物理的変光星はいくつかに分類される。星自身が膨張と収縮をくりかえしており（脈動），それにともなって周期的に変光がおきるものを「脈動変光星」という。脈動変光星は脈動の周期と変光の特徴などによって，さらにいくつかのグループに分けられる。セファイド（周期1～135日，変光範囲0.1～2等），こと座RR型（周期0.2～1.2日，変光範囲0.2～2等），ミラ型（周期80～1000日，変光範囲2.5～11等）などだ。

セファイドは変光の周期と絶対等級に一定の関係があることを利用して，近傍の銀河の距離を推定することに利用されている。なお，脈動変光星の中には，あまりはっきりとした周期性が見いだせない「不規則型変光星」もある。

星の表層でのはげしい活動が原因で不規則に変光するものを「激変星」という。その一例であるおおぐま座SU星は，周期約19日，変光の幅は約4等だ。

そのほかの変光星としては，「爆発変光星」，「回転変光星」などがある。爆発変光星は星の外層や大気の爆発が原因で不規則に変光するもので，回転変光星は星の自転にともなって明るさが変化してみえる星だ。

なお，太陽は変光星ではないが，くわしく調べてみると約11年周期で0.1％ほどの変光をくりかえしていることがわかっている。

脈動変光星と食変光星

右上は，代表的な脈動変光星であるミラの変光のしくみ。ミラは老齢期にさしかかった星で，膨張・収縮をくりかえしているため，明るさが変化して見える。周期，極大・極小等級は変化する。右下は，代表的な食変光星であるアルゴルの変光のしくみ。アルゴルは連星で，二つの星が非常に近い距離でまわり合っている。地球から見た二つの星の位置によって，明るさが変化して見える。

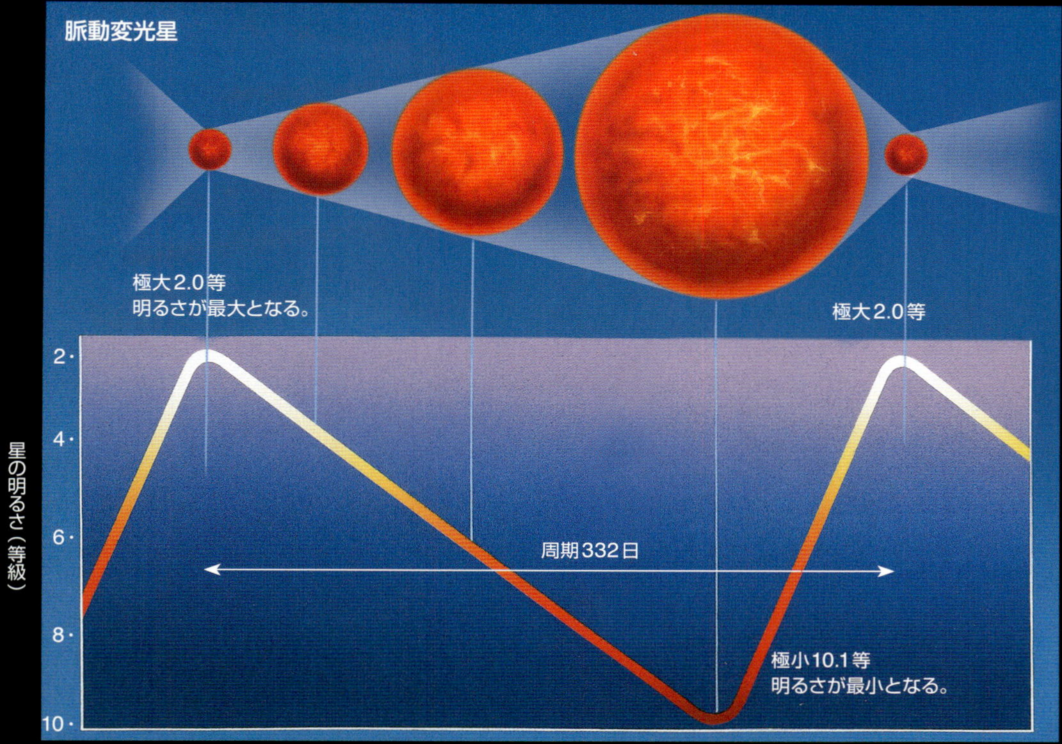

脈動変光星
極大2.0等
明るさが最大となる。
極大2.0等
周期332日
極小10.1等
明るさが最小となる。
星の明るさ（等級）
2
4
6
8
10

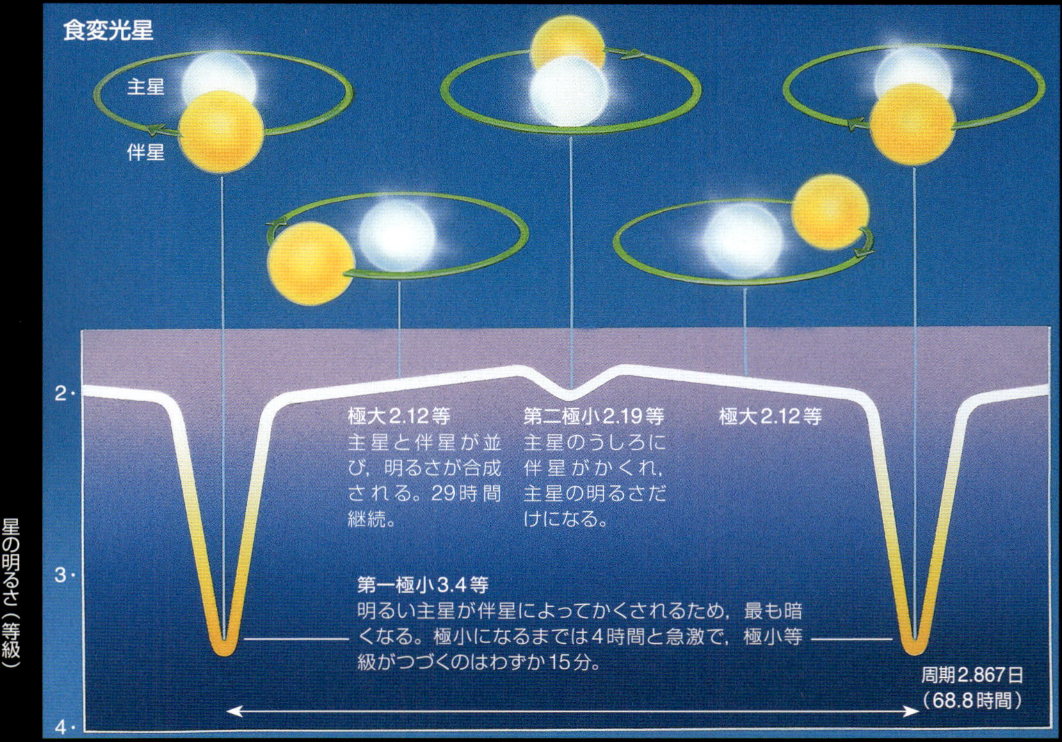

食変光星
主星
伴星
極大2.12等
主星と伴星が並び，明るさが合成される。29時間継続。
第二極小2.19等
主星のうしろに伴星がかくれ，主星の明るさだけになる。
極大2.12等
第一極小3.4等
明るい主星が伴星によってかくされるため，最も暗くなる。極小になるまでは4時間と急激で，極小等級がつづくのはわずか15分。
周期2.867日
（68.8時間）
星の明るさ（等級）
2
3
4

重力的に結びついた複数個の恒星

複数の恒星がたがいに重力によって結ばれ，共通重心（複数個の星の質量中心）のまわりを軌道運動している天体を「連星」とよぶ。普通，明るいほうを「主星」，暗いほうを「伴星」とよんでいる。

2個の恒星が重なってみえる「二重星」の中には，連星と，そうではなく同じ方向にみえるだけのものが含まれている。同じ方向にみえるだけのものは「みかけの二重星」という。おおぐま座のミザールとアルコルは，みかけの二重星ではないかともいわれている。

宇宙では，太陽のような単独で存在する恒星（単独星）は少数派で，恒星の半分以上は連星系をつくっていると考えられている。

連星には個々の星を望遠鏡で分離できる「実視連星」と，望遠鏡では見分けられないが，その軌道運動のようすから伴星の存在がわかる「分光連星」がある。実視連星には，ふたご座のカストル，こと座のエプシロン星が，分光連星としてはおとめ座のスピカ，北極星がある（右の画像）。

連星系の二つの星の間の距離が，星の大きさ程度にまで接近しているものを「近接連星」という。近接連星はたがいに物質を交換するなどの相互作用をしており，それぞれの星の進化に大きな影響を及ぼしている。たとえば，一方の星の物質がもう一方の星にどんどん流出し，中心核だけになってしまうこともある。また，一方の天体がブラックホールで，伴星の物質をどんどん吸いこんでいるような「ブラックホール連星」などもある。最初にみつかったブラックホールもそのような連星を形成していた。

連星の軌道

連星は，共通重心（複数の星の質量中心）のまわりをたがいにまわっている。両方の星を結ぶ線は，必ず共通重心を通る（右のイラスト）。両方の星の公転軌道と周期がわかれば，質量を求めることができる。二つの星からなる二重連星だけでなく，三重連星や四重連星なども存在する。北極星は三重連星である。

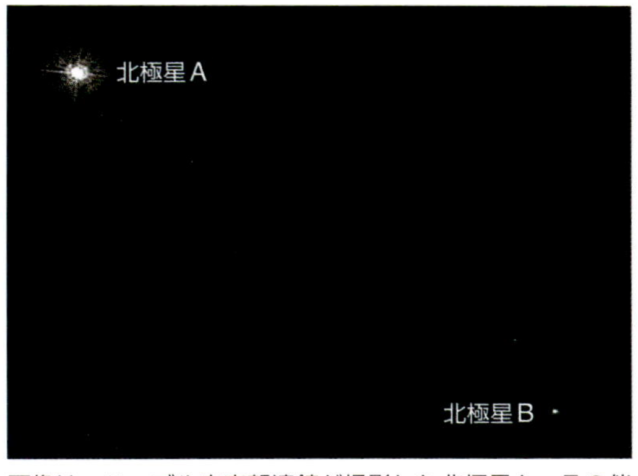

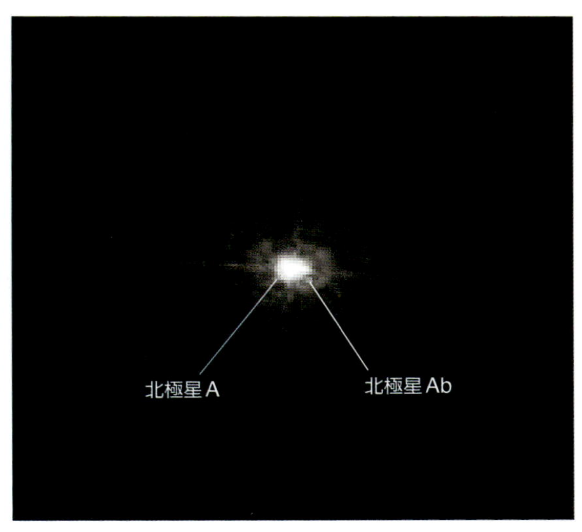

画像は，ハッブル宇宙望遠鏡が撮影した北極星と，その伴星たちである。北極星は，30秒角ほどはなれた位置に伴星Bを，ごく近く（2.8億キロメートル）に伴星Abをもつ。

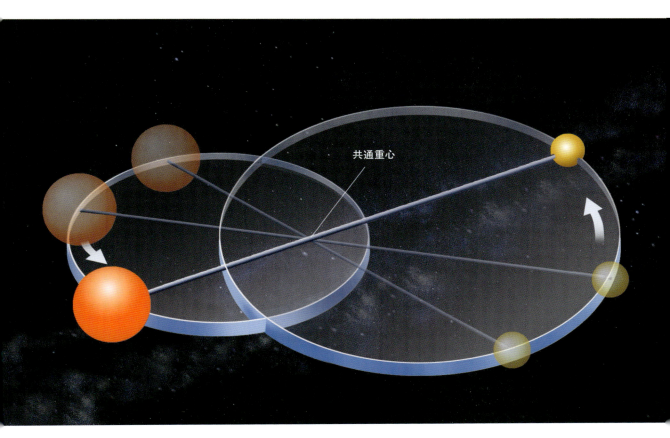

共通重心

数十年に１個あらわれる急激に明るくなる星

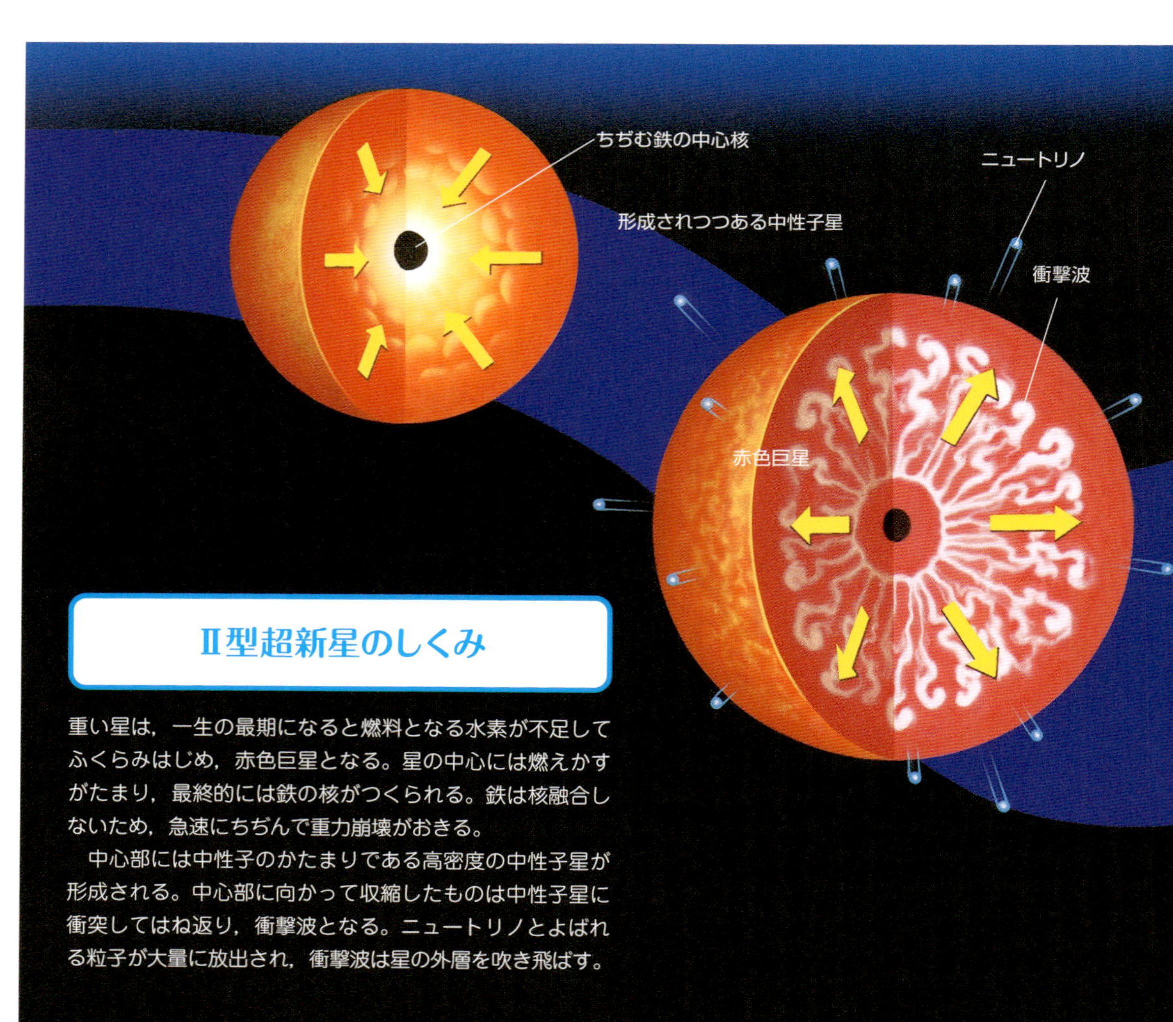

Ⅱ型超新星のしくみ

重い星は，一生の最期になると燃料となる水素が不足してふくらみはじめ，赤色巨星となる。星の中心には燃えかすがたまり，最終的には鉄の核がつくられる。鉄は核融合しないため，急速にちぢんで重力崩壊がおきる。

中心部には中性子のかたまりである高密度の中性子星が形成される。中心部に向かって収縮したものは中性子星に衝突してはね返り，衝撃波となる。ニュートリノとよばれる粒子が大量に放出され，衝撃波は星の外層を吹き飛ばす。

「超新星」とは，急激に明るさが増して太陽の10億倍以上もの光度になる星をいう。その出現はまれで，1個の銀河内で数十年に1個出現する程度だ。1987年には大マゼラン雲の中に超新星「SN1987A」が出現した。そのときに発生したニュートリノが，岐阜県の山中にあったニュートリノ観測施設カミオカンデで検出された。

超新星は，元の星の質量と爆発の引き金となる現象のちがいによって，Ⅰ型とⅡ型に分けられる。太陽質量の10倍以上の星では，進化の最終段階で鉄の芯ができるが，鉄は原子核エネルギーを生みだすことができないので，急激な収縮がおきる。このときばく大な重力エネルギーが解放され，一部が爆発のエネルギーにかわる。これがⅡ型超新星だ。鉄の芯は中性子に分解され，中性子星として残る。非常に重い星では，ブラックホールが形成される。

Ⅰ型超新星の中でも「Ia型」とよばれるタイプは，連星系をなす白色矮星に，もう一方から流入した物質が降り積もり，ある限界をこえたところで星全体が吹き飛ぶような大爆発をおこしたものである。最も明るくなったときの絶対等級がほぼ一定なため，みかけ上の明るさを測定することで，超新星爆発のおきた銀河までの距離を求めるのに利用されている。

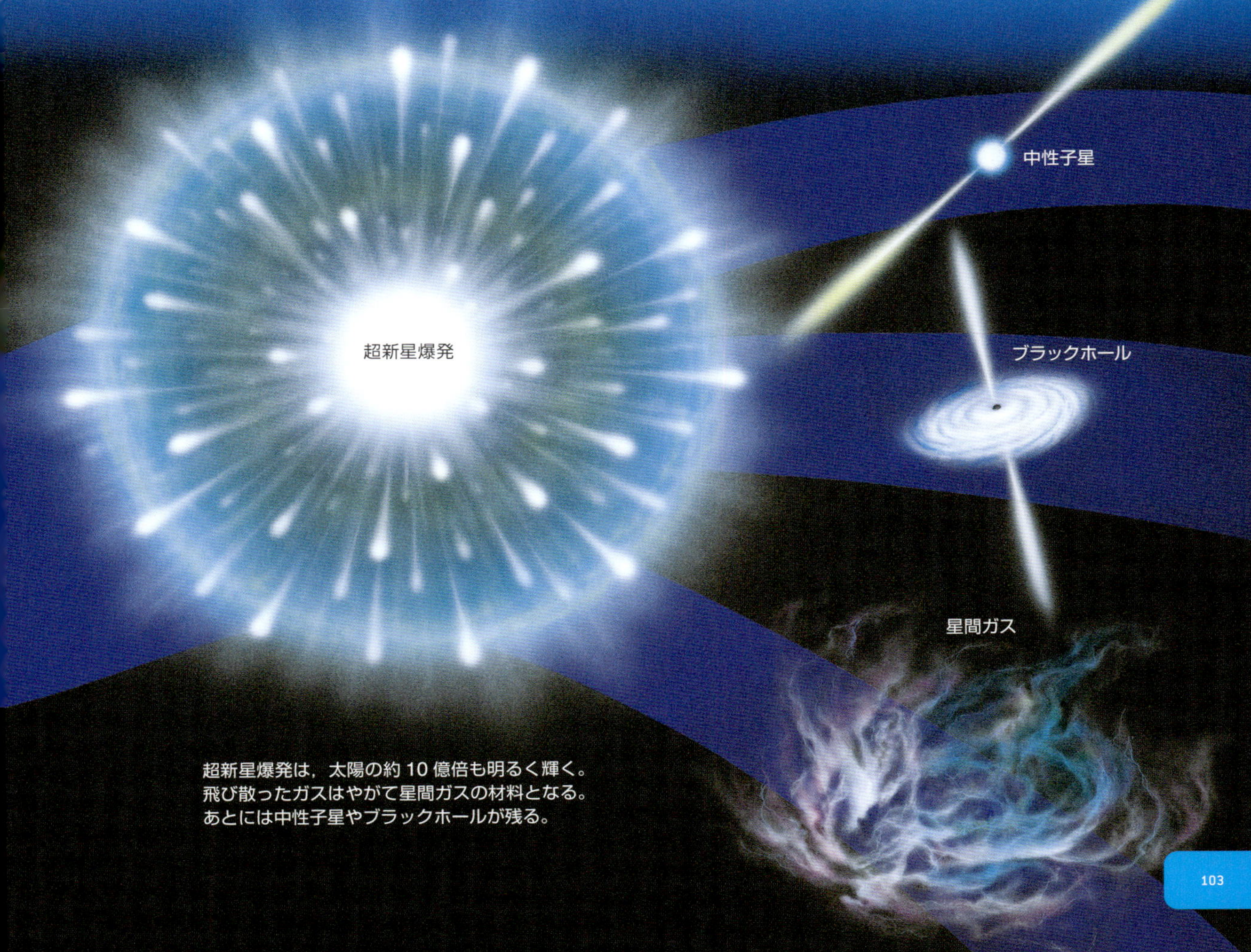

超新星爆発は，太陽の約10億倍も明るく輝く。飛び散ったガスはやがて星間ガスの材料となる。あとには中性子星やブラックホールが残る。

SECTION 39

Neutron Star

中性子星

中性子からなる高密度の天体

「中性子星」とは，原子核エネルギーを使い果たした重い星の中心核が，直径10キロメートルほどに収縮してできた超高密度(10^{17}キログラム／立方メートル)の星で，星全体が中性子からできている。

中性子星は，元の恒星のときには通常の自転速度で自転していたが，ほとんど同じ程度の質量でありながら，きわめて小さくなったために，角運動量保存の法則から非常に高速で自転していることがわかる。その磁場も非常に強力なもので，太陽の10億倍も強い。

このような強力な磁場を引きずって星が高速回転をすると，星のまわりのガスが大きく乱され，ガス中の荷電粒子の運動にともなって，電波や光，X線などの電磁波が放射される。これらのビームは，星の南北両磁極から放出されており，ちょうど灯台の光のように，ぐるぐるといろいろな方向を照らしていく。このビームが地球の方向を照らしたとき，パルスが受信されるというわけだ。そのため，「宇宙の灯台」とよばれたりもする。

このように，短い周期で断続的に電磁波が放射されているかのようにみえる天体は「パルサー」とよばれている。

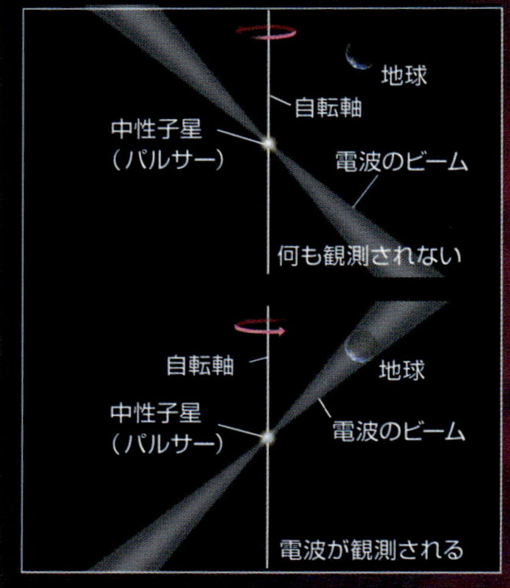

中性子星の強い磁場の影響で，中性子星の両極からは，電波のビームが放射される（右ページのイラスト）。磁場の極と自転軸は一般には一致しないので，中性子星の自転にともなって電波のビームも回転する。電波のビームの方向が地球からはずれている間は，何も観測されない。一方，電波のビームの方向が地球と一致すると，電波が観測される（上のイラスト）。このように，中性子星の自転にともなって，地球では電波パルスが周期的に観測されることになる。

SECTION 40

Star Cluster

星団

多くの恒星が密集している領域

星団とは，多数の恒星が密集している領域のことをいう。その形状から2種類に分類され，不定形な形をしているものを「散開星団」，球状にまとまっているものを「球状星団」という。

散開星団では，直径5～50光年の範囲に数十～数百個の恒星が集まっている。天の川銀河の銀河円盤の分子雲から誕生するため，ほぼ同時に生まれた若い星からなり，天の川周辺に集中して分布している。プレアデス星団，ヒヤデス星団，プレセペ星団など，約1500個が知られている。

球状星団は，直径数十～数百光年の範囲に数万～数百万個の恒星が集まっているものをいう。天の川銀河の中心部（バルジ）に数多く分布し，また銀河円盤のまわりのハローに散在している。ヘルクレス座M13，りょうけん座M3など約150個が知られている。球状星団は年齢100億歳以上の星からなっている。

球状星団M80（NGC6093）
天の川銀河内には150もの球状星団があるとされるが，なかでもさそり座にあるM80は古く，年齢はおよそ天の川銀河と同程度と考えられている。M80は太陽から2万8000光年はなれている。

銀河円盤を取り巻くハローに散在する球状星団

球状星団は渦巻銀河の中心部のバルジや，銀河円盤を取り巻くハローに散在している（右ページイラストのオレンジ色の球体）。天の川銀河にある最も古い星は，球状星団にある星たちである。

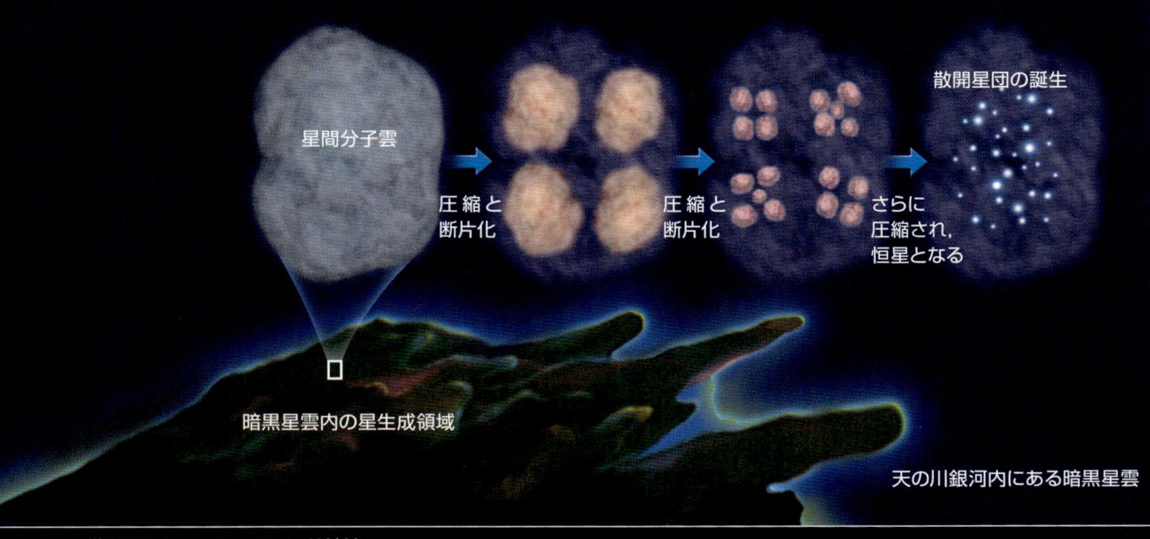

散開星団の星々はみな"兄弟姉妹"

散開星団は，生まれてからまもない，若い星たちの集まりである。散開星団は，ガスやちりが濃く集まった「星間分子雲」から生まれる。一つの星間分子雲は，圧縮と断片化をくりかえしていき，そのそれぞれが数十から数百個の恒星として輝きはじめる。これが散開星団の誕生である。散開星団を構成する星々はみな，同じ親（星間分子雲）から生まれた兄弟姉妹である。

3
天の川
Milky Way

SECTION 41

The True Identity of the Milky Way

天の川の正体

私たちの住む銀河を内側から見通した姿

天の川は，昔から人々の興味をかきたてるとても不思議な存在だった。

東アジアでは「川」に見立てられ，西洋では，ギリシア神話から，「ミルキー・ウェイ（乳の道）」とよばれてきた。現代では，人工光が増加し，天の川の淡い光を見ることはとくに都会でむずかしくなっているが，昔は天の川は今よりはるかにその存在感があったことであろう。

天の川の正体は何かという問いに，はじめて科学的な答えをあたえたのは，天文学の父ともいわれるイタリアのガリレオ・ガリレイ（1564～1642）だ。1609年，ガリレオは発明されたばかりの望遠鏡を使い，ぼんやりと輝く天の川が，無数の星の集団であることを突き止めた。

その後，さまざまな観測が重ねられ，天の川の詳細な構造がしだいに明らかになってきた。右の画像が現在わかっている天の川の正体，「天の川銀河」の姿だ。

天の川銀河は，私たちの太陽を含む1000億～数千億個もの恒星が集まった渦巻銀河（正確には棒渦巻銀河）である。中央がふくらんだ円盤形で，目玉焼きのような姿をしている。目玉焼きの黄身にあたる部分は「バルジ」とよばれ，円盤部分には腕のような構造をもつ。

天の川銀河の直径は10万光年にもおよぶ。私たちの太陽系は，中心から2万8000±3000光年の距離にあり，近くの星々といっしょに，1周2億年程度かけて天の川銀河中心のまわりを周回している。夜空の光の帯，天の川は，このような天の川銀河を内部から見通した姿なのだ。

天の川銀河を私たちは内部から見ているので，天の川は一つづきにつながっている。その帯のうち，天の川の濃く広い部分が，天の川銀河のバルジ方向にあたる。

帯の中央は黒くすきまが開いているようにみえるが，星が無いわけではない。濃いちりが，奥からやってくる光をさえぎるために，暗くみえているのだ。

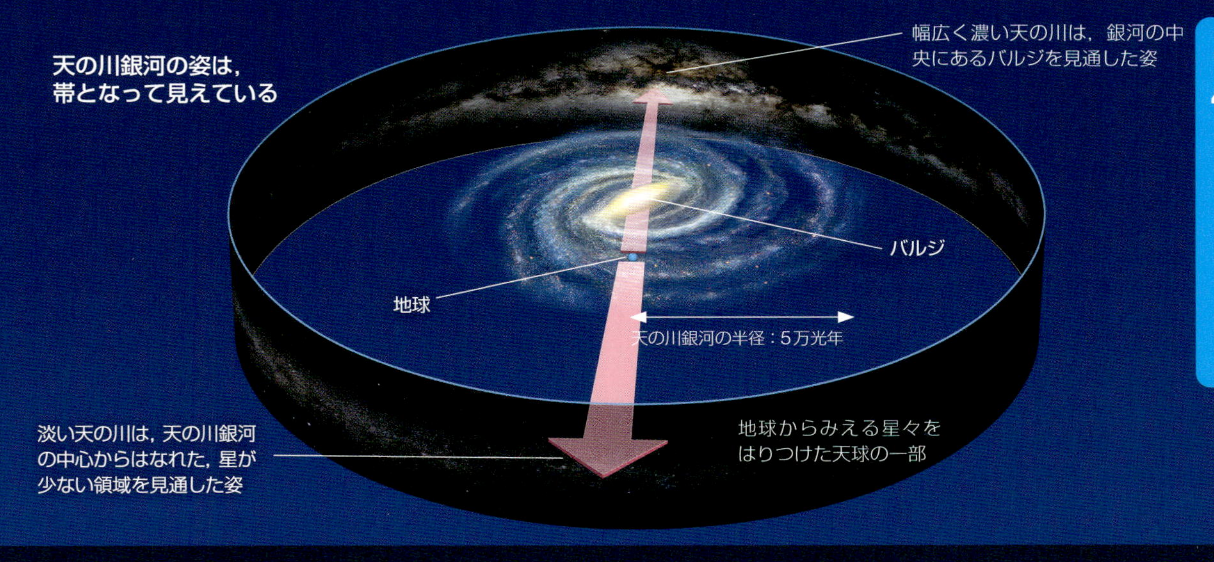
天の川銀河の姿は，
帯となって見えている
幅広く濃い天の川は，銀河の中
央にあるバルジを見通した姿
バルジ
地球
天の川銀河の半径：5万光年
淡い天の川は，天の川銀河
の中心からはなれた，星が
少ない領域を見通した姿
地球からみえる星々を
はりつけた天球の一部

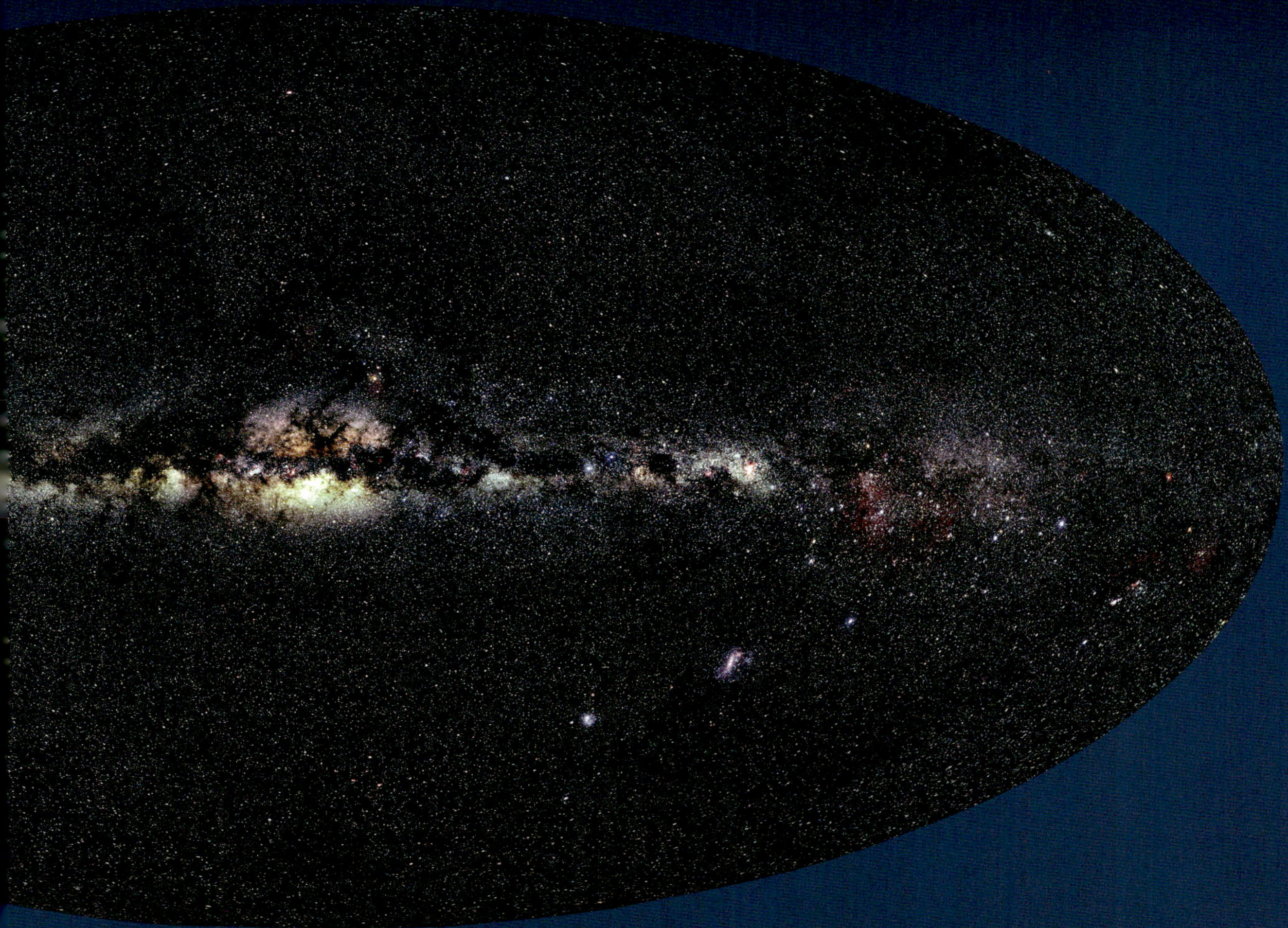

無数の恒星が，円盤のような形に分布している

イラストは，最新の知見をもとに，可能なかぎり正確にえがいた天の川銀河だ。

天の川銀河を形づくる第1の“素材”は，太陽のような恒星である。無数の恒星たちが円盤のような形に分布しているのだ。円盤には渦巻模様があり，外からながめるときっとこのように美しく見えるはずだ。

中心のふくらみは「バルジ」とよばれている。天の川銀河のバルジの形が球に近いのか，「棒状構造」とよばれる円柱状なのか議論されてきたが，近年の研究により，天の川銀河中心に棒があるのはほぼまちがいないと考えられている。

数千億個の恒星が輝く天の川銀河

天の川銀河には，1000億～数千億個もの恒星があるとされている。宇宙全体で1000億～1兆個あるとされている銀河の一つだが，太陽系が属することから，ほかの銀河と区別して「天の川銀河」，あるいは「銀河系」とよばれている。

天の川銀河は直径10万光年，中心部の厚みは1万5000光年の円盤状をなしている。一方，太陽付近の銀河円盤の厚みは，2000光年ほどと推定されている。太陽は渦状腕の一つであるオリオン座腕にあって，中心から約2万8000±3000光年のところに位置している。天の川銀河の総質量は太陽の質量のおよそ1000億倍だ。

天の川銀河は，円盤状の銀河円盤と中央部の扁平なだ円体バルジ，銀河円盤のまわりを囲む球状のハローからなっている。

銀河円盤は中心軸のまわりを高速で回転しており，ここには非常に若い星と，星の母体となるガスが集中する渦状腕がある。バルジには年齢が100億歳以上の古い星が集まっている。ハローには古い星からなる球状星団が多くみられ，直径15万光年の範囲に散在している。

天の川銀河は渦巻銀河だと考えられてきたが，近年になって，バルジが棒状に近い棒渦巻銀河とする説が有力視されている。

最新の研究結果では，太陽は銀河円盤の赤道面に相当する銀河面に対して90光年ほど北側にあり，黄道面は銀河面に対して約60°傾いていると考えられている。また，太陽系は，銀河面を上下しつつ，2億年かけて天の川銀河を1周していると考えられている。

真横から見た天の川銀河の想像図

天の川銀河の円盤の厚みは太陽付近で2000光年，中心部分で1万5000光年ほど。直径を考えると，円盤はかなり薄い。円盤のまわりには，「球状星団」とよばれる星のかたまりが150個ほど確認されている（イラストの黄色の粒）。

真上から見た天の川銀河の想像図
天の川銀河の直径は約 10 万光年とされる。天の川銀河の恒星の数は 1000 億〜数千億個ともいわれており，われわれの太陽はその中の一つにすぎない。太陽は天の川銀河の中心から2万8000 ± 3000光年ほどの距離にあるとされている。

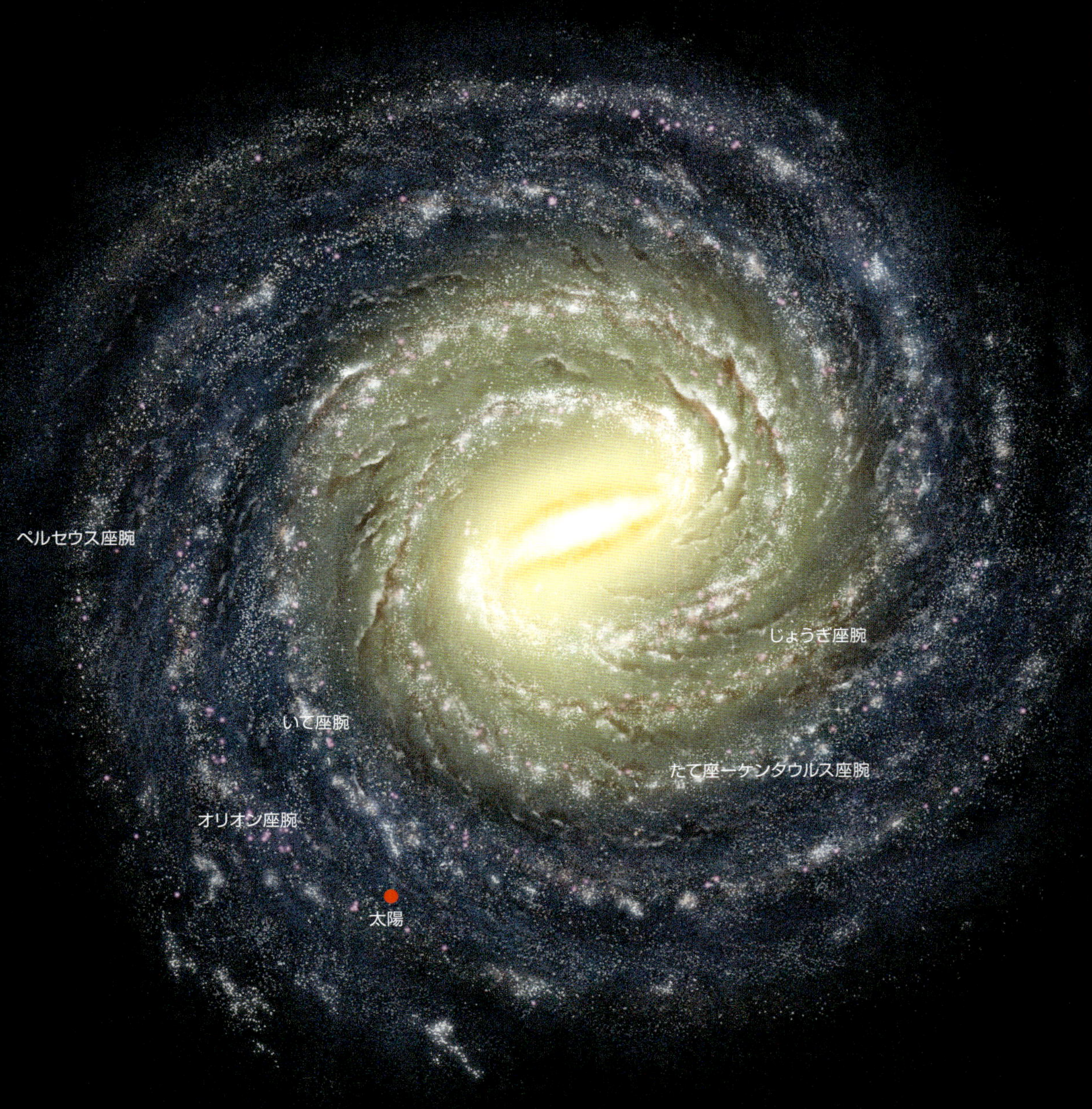

星座の星や星団の多くは天の川銀河の腕に存在する

地球から見た星雲や星団は銀河面方向（天の川）に沿って分布しており，その距離をはかることで，天体が円盤状に分布する天の川銀河の構造が徐々に見えてきた。

天の川銀河は星の集合体で，渦の明るいところには明るく若い星が多く集まり，暗いところでは少ない。この明るい星が集まっているところが渦のパターンとなり，「腕」とよばれる。もちろん，私たちの天の川銀河以外の銀河でも，こうした渦巻構造をもつ銀河はたくさん存在する。

天の川銀河円盤には，光を通さない暗黒星雲が充満している。腕の構造を見ると内側はとくに明るくみえるが，暗黒星雲が圧縮されて，新たな星が誕生しているからである。太陽もかつて腕で生まれたと考えられている。太陽は今，「オリオン座腕」という腕の，天の川銀河中心方向の端に位置している。

天の川銀河は腕の渦巻構造を保ちながら，太陽系付近では2億年に1周のペースで回転運動している。この速度は秒速220キロメートルにもおよび，太陽もこの回転にのって天の川銀河内を周回している。

天の川銀河の回転は銀河北極側から見ると時計まわりに回転している。だが，太陽に対する地球の公転は，黄道の北極（公転軸）方向からみると反時計まわりである（イラスト）。この二つは矛盾しているわけではない。スケールが大きくことなるため，地球を含めた太陽系の回転は，巨大な銀河の中で生じた無数のランダムな運動（乱流という）の一部を反映している。そのため，太陽系の黄道の北極と銀河北極は示す方向がちがっている。

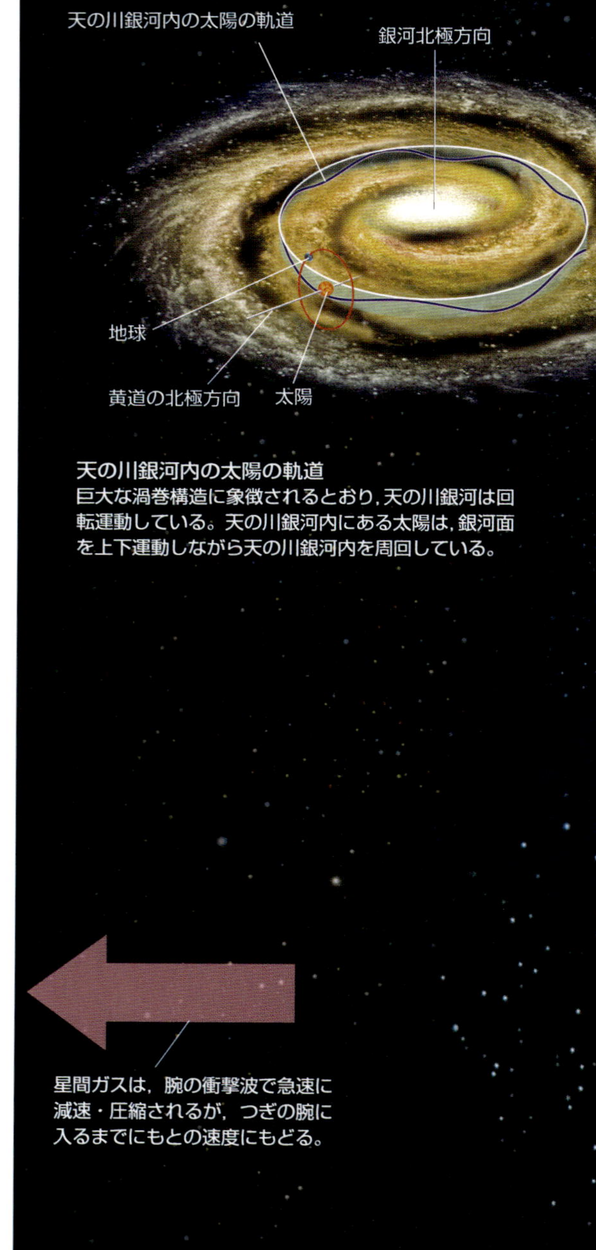
天の川銀河内の太陽の軌道
銀河北極方向
地球
黄道の北極方向
太陽
星間ガスは，腕の衝撃波で急速に減速・圧縮されるが，つぎの腕に入るまでにもとの速度にもどる。

天の川銀河内の太陽の軌道
巨大な渦巻構造に象徴されるとおり，天の川銀河は回転運動している。天の川銀河内にある太陽は，銀河面を上下運動しながら天の川銀河内を周回している。

天の川銀河の渦は“波”

天の川銀河内にある1000億～数千億個もの星は，ある程度整然と分布している。しかしそれは完全な均衡状態ではない。星が少し近づくと重力が発生し，さらに新たな星を引きずりこむ。こうして星の密度の高い部分ができ，それが密度波となり，渦巻腕のもとになるのである。

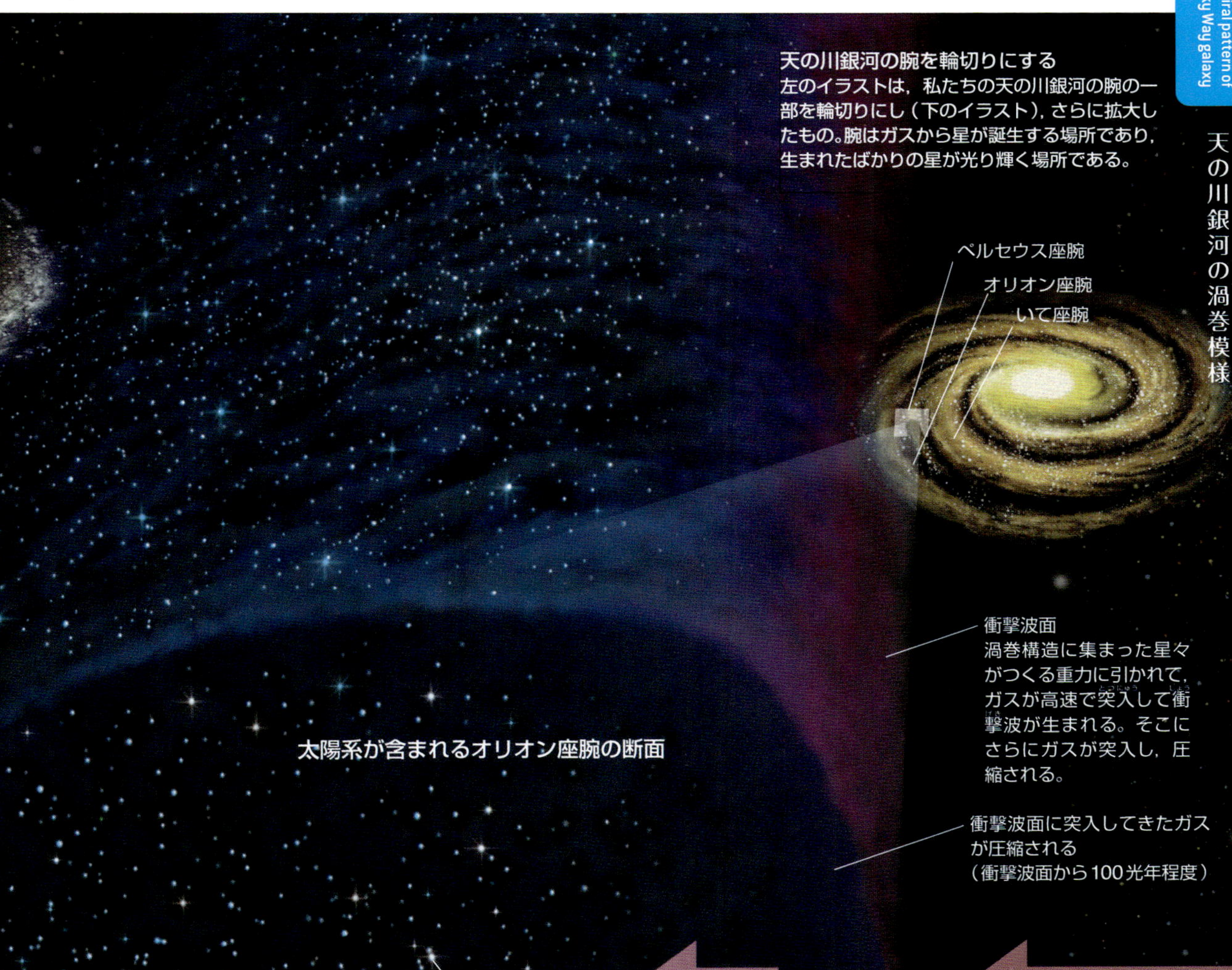
ペルセウス座腕
オリオン座腕
いて座腕
太陽系が含まれるオリオン座腕の断面
衝撃波面
渦巻構造に集まった星々がつくる重力に引かれて，ガスが高速で突入して衝撃波が生まれる。そこにさらにガスが突入し，圧縮される。
衝撃波面に突入してきたガスが圧縮される（衝撃波面から100光年程度）
圧縮されたガスから星が生まれはじめる（衝撃波面から数百光年程度）
星間ガスの腕に対する速度

天の川銀河の腕を輪切りにする
左のイラストは，私たちの天の川銀河の腕の一部を輪切りにし（下のイラスト），さらに拡大したもの。腕はガスから星が誕生する場所であり，生まれたばかりの星が光り輝く場所である。

SECTION
45

The center of the Milky Way Galaxy

天の川銀河の中心

巨大ブラックホールがひそむ超高密度の領域

天の川銀河の中心付近は星やガス雲が密集し，ちりにさまたげられて可視光では見通すことができないが，強力な電波源「いて座A」が存在する。解像度の高い電波観測の結果から，いて座Aは「いて座Aイースト」「いて座Aウエスト」「いて座A*（エースター）」の三つの部分からなることが知られている。いて座Aイーストは直径25光年ほどの古い超新星残骸だと考えられ，いて座Aウエストは3本の腕状のガス雲で，場所によっては秒速1000キロメートルもの高速で動いている。そして，いて座Aウエストの中心にある点状の電波源がいて座A*だ。

いて座A*の正体を突き止めるため，いて座A*のすぐそばにある星々の動きが1990年代から精密に測定されてきた。その結果，いて座A*の位置には太陽の約400万倍の質量が集中していて，近くの星々はいて座A*の周りをほぼ正確にだ円軌道で回っていることがわかった。このことから，いて座A*は重い星団などではなく，1個の巨大ブラックホールに間違いないことが証明された。

2022年には国際プロジェクト「イベントホライズンテレスコープ（EHT）」が，いて座A*の「ブラックホールシャドウ」を撮影したと発表した。

いて座A*のブラックホールの光が出てこられない限界の半径は約1200万キロメートルで，太陽の約17倍だ。銀河中心の巨大ブラックホールの中には，周囲の物質を大量に吸い込んで高速のジェットを噴出する「活動銀河核」というタイプもあるが，現在のいて座A*にはジェットはみられず，活動はおだやかだ。

天の川銀河中心部の画像
欧州南天天文台の望遠鏡「VLT」で撮影した，天の川銀河中心の約３光年四方をとらえた画像。画像の中心やや下の位置に，いて座 A* が存在する。太陽の周辺では星の密度は数光年に１個だが，この画像の範囲には数十万個の星が密集している。

いて座A*
（EAVNによって撮影）

左の画像は2017年4月に，日本も参加する「東アジアVLBI観測網（EAVN）」によって撮影された，いて座A*の姿だ。2022年公開の画像の真ん中の黒い部分の中に，巨大ブラックホールいて座A*がある。

2022年に公開された画像

銀河円盤のまわりを取り囲む球状の領域

天の川銀河は,「ハロー」とよばれる領域に球状に取り囲まれている。球状星団や天の川銀河をまわっている伴銀河(マゼラン雲など)の運動などから,広大な領域を占めていると考えられているが,その実態はよくわかっていない。ハローは3層に分けられる。最も内側の光学ハローには,光でみえる球状星団が分布している。その直径は15万光年。バルジに密集する球状星団とくらべると,その数は少ないが,どちらの球状星団も天の川銀河の形成時にできたと考えられている。

光学ハローの外側にはX線ハローが存在している。X線ハローは電波やX線の観測からみつかったもので,希薄な高温のガスで満たされている。光学ハローの2倍から数倍の大きさをもっている。

X線ハローの外側には,さらにダークハローが広がっていると考えられている。ダークハローとは,電波やX線などの電磁波で観測することができない未知の物質「ダークマター」からなる領域で,質量,直径ともに天の川銀河の銀河円盤を大きく上まわるものと予想されている。

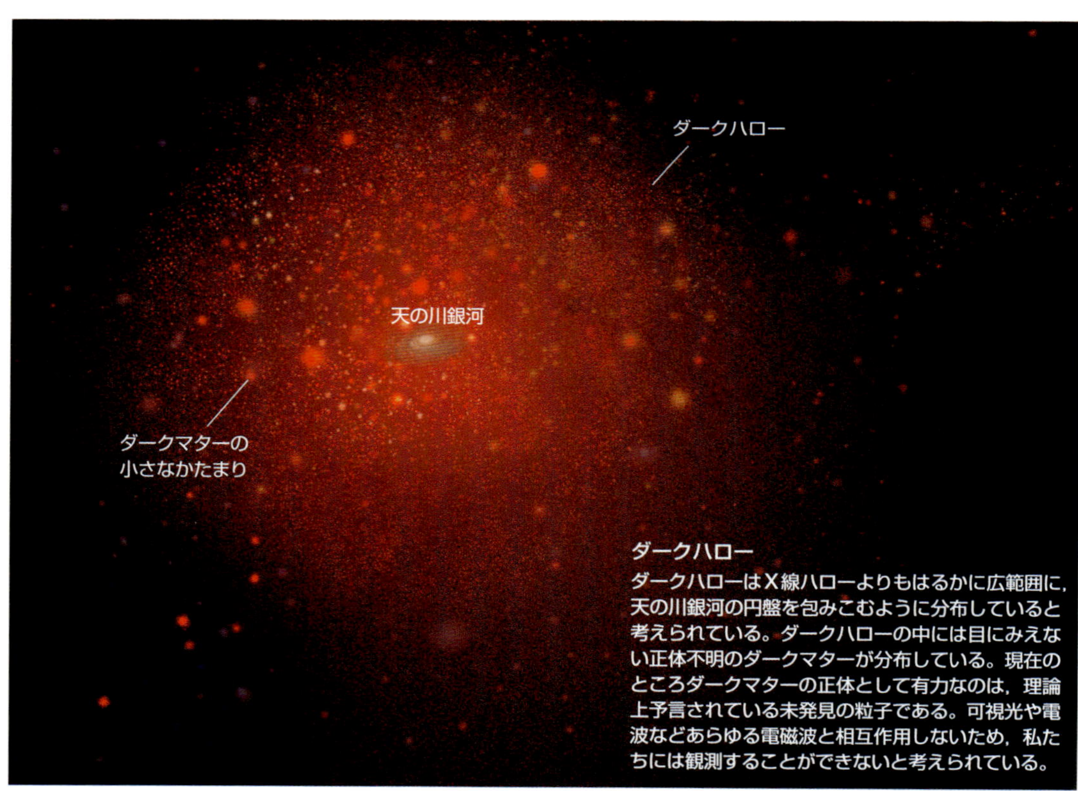

ダークハロー
ダークハローはX線ハローよりもはるかに広範囲に,天の川銀河の円盤を包みこむように分布していると考えられている。ダークハローの中には目にみえない正体不明のダークマターが分布している。現在のところダークマターの正体として有力なのは,理論上予言されている未発見の粒子である。可視光や電波などあらゆる電磁波と相互作用しないため,私たちには観測することができないと考えられている。

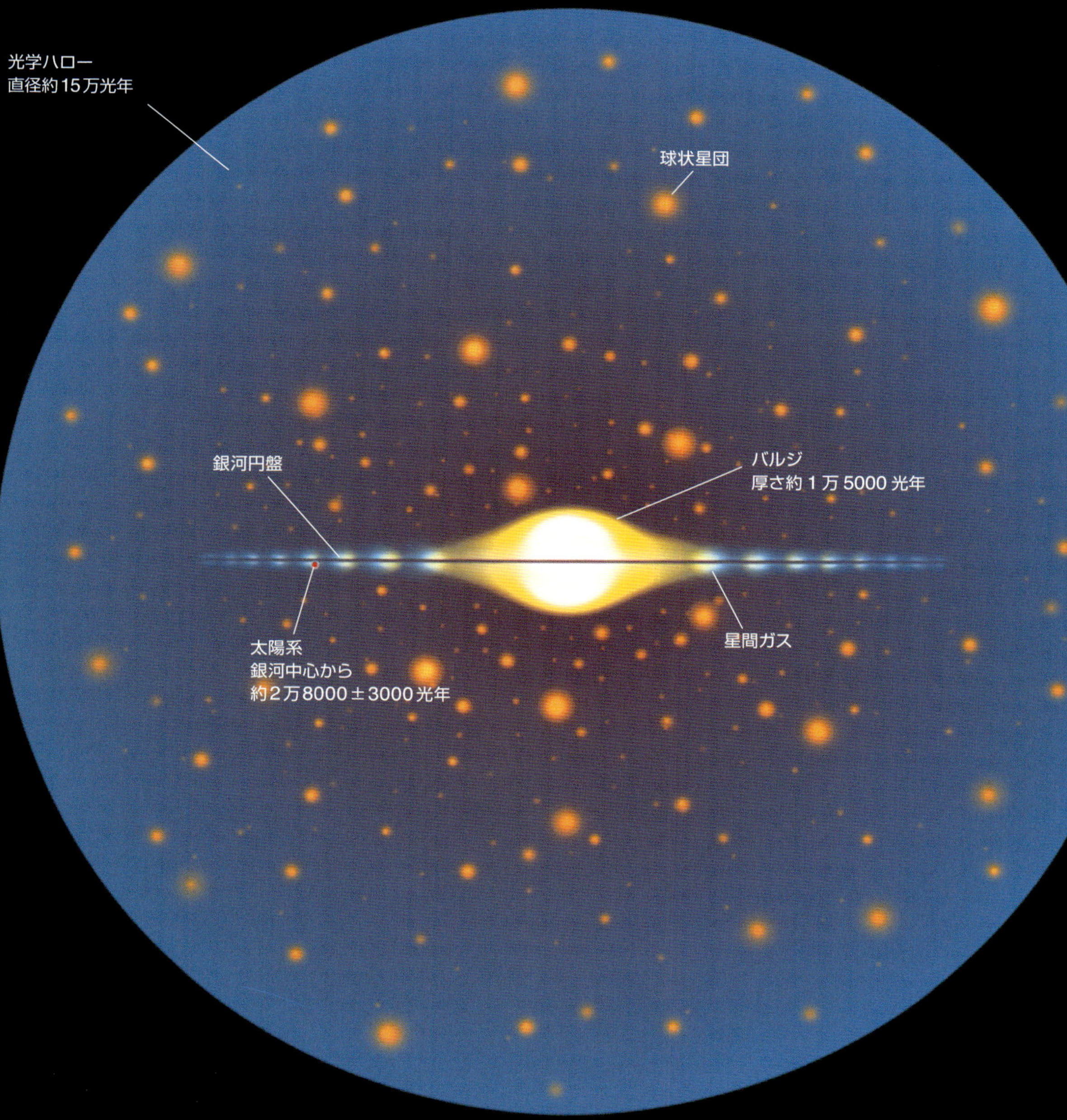
光学ハロー
直径約15万光年
球状星団
銀河円盤
バルジ
厚さ約1万5000光年
太陽系
銀河中心から
約2万8000±3000光年
星間ガス

肉眼でも見ることができる典型的な渦巻銀河

アンドロメダ座ν星の近くに広がる銀河が「アンドロメダ銀河」だ。天の川銀河が棒渦巻銀河であるのに対して，アンドロメダ銀河は渦巻銀河だ。みかけの等級は約4等なので，肉眼でも見ることができる。地球から約250万光年の距離にあって，直径が15～22万光年と，天の川銀河よりもかなり大きな銀河だ。かつて，その直径は13万光年程度と考えられていたが，最近の観測によって，ハロー部の星々がアンドロメダ銀河の円盤部分の一部であることが判明したため，アンドロメダ銀河の大きさは大きく広がった。

アンドロメダ銀河の存在は10世紀にはすでに知られており，「小さな雲」とよばれていた。1771年にフランスの天文学者，シャルル・メシエ（1730～1817）がまとめたメシエカタログでは，M31と名づけられている。

アンドロメダ銀河は典型的な渦巻銀河だが，真横に近い方向から見ているため，細長いだ円形にみえる。そのため渦巻構造は観測しにくいが，数本の渦状腕があると考えられている。渦状腕に沿って，若々しい星の存在を示す散光星雲が数多く観測されている。

アンドロメダ銀河は，M32とNGC205という小銀河をともなっている。これらはアンドロメダ銀河のまわりを公転する伴銀河で，主銀河と重力で引き合っているのだ。またアンドロメダ銀河自身も天の川銀河やほかのいくつかの銀河と重力的に結ばれ，局部銀河群（局所銀河群）を形成している。

アンドロメダ銀河

アンドロメダ銀河（写真）が天の川銀河の外にあることがわかったのは 1924 年のことであった。アメリカの天文学者，エドウィン・ハッブル（1889 ～ 1953）は稼働をはじめたばかりのウィルソン山天文台の 100 インチ望遠鏡を使い，アンドロメダ銀河の中にセファイドとよばれる脈動変光星をみつけ，変光周期と絶対光度の関係を使って距離を決めることに成功した。ハッブルが測定したアンドロメダ銀河の距離は，天の川銀河のサイズをはるかに上まわっており，アンドロメダ銀河が天の川銀河の外にあることが証明された。その後，距離決定の精度が上がり，アンドロメダ銀河までの距離は 250 万光年であることがわかっている。

SECTION 48

Magellanic Clouds

マゼラン雲

ガスのまとまりが雲のようにみえる天体

マゼラン雲は南半球の空に見られる，きょしちょう座の「小マゼラン雲」と，かじき座の「大マゼラン雲」からなる。1520年にフェルディナンド・マゼランが，世界一周航海の途中で発見したことから，マゼランの名が冠されているようだ。

二つの星雲はいずれも矮小不規則銀河で，距離は大マゼラン雲が16万光年，小マゼラン雲が20万光年だ。直径はそれぞれ2万光年と1万5000光年である（右のイラスト）。

二つの銀河は8万光年しかはなれておらず，共通の重心を周回している。これまで，マゼラン雲は天の川銀河のまわりを公転している伴銀河といわれてきたが，そうではなく，たまたま近づいてきて，現在そばにいるだけという可能性が指摘されている。

天の川銀河の重力の影響（潮汐力）を強く受け，その形が不規則にゆがんだものと考えられている。電波で観測すると，大小マゼラン雲からは，水素ガスが流れだしていることがわかる。

マゼラン雲は天の川銀河からの距離が近いので，その中のさまざまな天体は格好の観測目標となっている。そこには散開星団と球状星団の中間的な性質をもつ星団がある。また直径800光年という巨大な散光星雲が存在している。この星雲は「タランチュラ星雲」とよばれ，1987年には超新星が出現した。

大小マゼラン雲の正体は，どちらも「小さな銀河」

大マゼラン雲は，直径およそ2万光年の銀河で，地球から約16万光年の距離にある。一方，小マゼラン雲は直径およそ1万5000光年の銀河で，地球から約20万光年の距離にある。電波で観測すると，大小マゼラン雲の軌道にそってたなびいている水素ガスの雲（マゼラン雲流）があることがわかる。

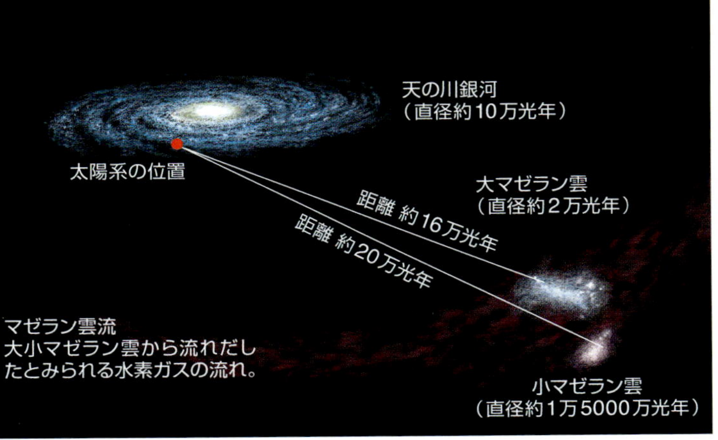

ニュージーランド南島のフィヨルドランド国立公園から見た大マゼラン雲（右上）と小マゼラン雲（右下）。左下には南十字星が輝いている。右端の画像は大マゼラン雲の中にあるタランチュラ星雲で，中央には超新星も見える。

宇宙は天の川銀河の外に広がっている

天の川銀河
直径約10万光年の棒渦巻銀河である。

大マゼラン雲
地球から約16万光年はなれたところにあり，大きさ約2万光年の小さな銀河である。南半球の夜空で満月の20倍の面積に見える。

宇宙の大きさはどれくらいか。この疑問を解決したのがハッブルの観測だ。

恒星は輝く点に見えるが，星雲はぼんやりと雲のように広がっている。1920年，アメリカ国立科学学院の年会で，星雲は天の川銀河の中にある天体なのか，それとも遠くはなれた天体なのかという議論があった。

1924年，アメリカのエドウィン・ハッブル（1889～1953）は，アンドロメダ星雲が天の川銀河の外にある天体であることを発見した。アンドロメダ星雲は，天の川銀河と同じように多数の恒星からなる銀河だったのだ。こうして，宇宙は天の川銀河の外に広がっており，同じような銀河がたくさんあることが明らかになった。この瞬間から，人類が知る宇宙の大きさは，100倍，1000倍と広がっていくことになったのである。

天の川銀河と，その周辺にある代表的な銀河をえがいた。ハッブルは，アンドロメダ銀河の中に存在する「セファイド変光星」という天体を観測して，その距離を求めた。セファイド変光星はその性質上，距離を知ることのできる貴重な天体である。観測の結果，その距離は約90万光年となり，当時考えられていた天の川銀河の大きさをはるかにこえていた（現在ではアンドロメダ銀河の距離は約250万光年とされている）。こうして，アンドロメダ銀河が天の川銀河の外にある天体だとわかったのである。

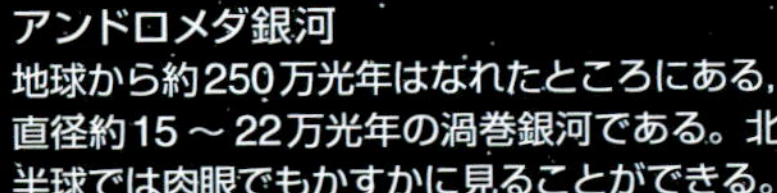

アンドロメダ銀河
地球から約250万光年はなれたところにある，直径約15～22万光年の渦巻銀河である。北半球では肉眼でもかすかに見ることができる。

小マゼラン雲
地球から約20万光年はなれたところにある，大きさ約1万5000光年の小さな銀河である。

アンドロメダ銀河と衝突する天の川銀河

アンドロメダ銀河は地球から約250万光年はなれており，天の川銀河やほかのいくつかの銀河と重力的に結ばれ，「局部銀河群（局所銀河群）」を形成している。

局部銀河群にある銀河のうち，アンドロメダ銀河とわれわれの天の川銀河は，ほかの銀河にくらべて圧倒的に大きな規模を誇っている。そのため，周辺の小さな銀河は，いずれアンドロメダ銀河と天の川銀河に飲みこまれてしまうと考えられている。

たとえば，天の川銀河を周回する大小マゼラン雲などは，天の川銀河へと引き寄せられ，やがて天の川銀河に衝突・合体してしまう可能性がある。アンドロメダ銀河は，M32（NGC221）とNGC205の二つのだ円銀河を伴銀河としてしたがえているが，アンドロメダ銀河もまた，重力によってそれらの銀河を吸い寄せ，衝突と合体をくりかえしていくと考えられている。

そして遠い将来には，アンドロメダ銀河と天の川銀河自身が衝突・合体してしまうと考えられている。観測結果によると，実際，アンドロメダ銀河と天の川銀河は，秒速約109キロメートルのスピードで接近中だ。

天の川銀河とアンドロメダ銀河が衝突すると，天の川銀河の形は完全にかわってしまい，大きな一つのだ円銀河になると考えられている。しかし，二つの巨大銀河が合体するときでも，恒星の間には広大な空間があるので，恒星どうしが衝突する可能性はほとんどない。また，アンドロメダ銀河と天の川銀河が衝突をくりかえして最終的に巨大なだ円銀河になるのは，約60億年後と考えられている。

アンドロメダ銀河と衝突する天の川銀河
アンドロメダ銀河と天の川銀河が衝突したときの想像図。アンドロメダ銀河は徐々に天の川銀河に近づいてきている。二つの大きな渦巻銀河が衝突すれば，たがいの重力で銀河円盤が破壊される。衝突により星間ガスどうしがぶつかりあって星間ガスの大部分が新しい星になり，やがて二つの銀河は一つの巨大なだ円銀河になると考えられている。

COLUMN

精密測定が明らかにした天の川銀河の真の姿

これまで，天の川銀河は渦巻銀河だと考えられてきた。しかし細かい構造ははっきりせず，そのほんとうの姿はいまだにわかっていない。

この真の姿を明らかにするために，天の川銀河内の「天体までの距離測定」が行われている。地球から天の川銀河内にある恒星やガス雲までの距離を正確にはかり，それらの位置情報をもとに，精密な天の川銀河の地図をつくるのだ。

天の川銀河内の天体の距離を正確にはかるためには，「VLBI※1」という観測方法を使って，非常に小さな「年周視差」を測定する（19ページ参照）。VLBI観測では，強力な電波を発している「メーザー天体」を地上の電波望遠鏡でとらえて天体までの距離をはかる。

日本には，4台の電波望遠鏡を使って高性能なVLBI観測を行う「VERA」というプロジェクトがある。VERAでは，10万分の1秒角（1秒角は3600分の1度）という精度※2で年周視差を測定でき，最大で約3万光年の距離測定を行うことができるのだ。

VERAとアメリカの観測チームは，天の川銀河の腕にある100以上のガス雲の距離を測定した。このガス雲は，重い星の誕生現場である「大質量星形成領域」とよばれる領域だ。

観測チームが，太陽系の位置する「オリオン座腕」の近隣の腕に属すると思われていた，数十個のガス雲の正確な位置を測定したところ，それらが実は，オリオン座腕のものとわかった。（右ページのイラスト）。

オリオン座腕はこれまで「大きな腕」でなく，その“格下”の「弧」と位置づけられてきた。しかし観測されたガス雲がオリオン座腕のものとわかり，腕の長さが2万光年以上と，これまでの推定より4倍以上長いことがわかったのだ。さらに，大質量星形成領域の密度が大きな腕に匹敵するほど大きく，腕の巻きこみ具合も大きな腕程度に強いことも判明した。つまりオリオン座腕は，晴れて「大きな腕」の仲間入りをする可能性が出てきたのだ。観測ではさらに，オリオン座腕から枝分かれして，いて座―りゅうこつ座腕との間を橋渡しする短い弧も発見された（イラストの赤枠）。

大きな腕の数がふえたり，枝分かれした弧が新たにみつかってきたりすると，天の川銀河はこれまで考えられていたような，きれいな渦巻構造ではない可能性が出てくるといわれている。その場合，天の川銀河の進化のシナリオもかわってくる可能性があるようだ。

※1：VLBI（Very Long Baseline Interferometry＝超長基線電波干渉計）とは超長基線電波干渉計の英語略称で，複数の電波望遠鏡の観測データを合成して一つの観測データとして扱う手法のこと。
※2：東京駅から見た，富士山頂に立つ人の髪の毛の10分の1の太さに相当する角度。

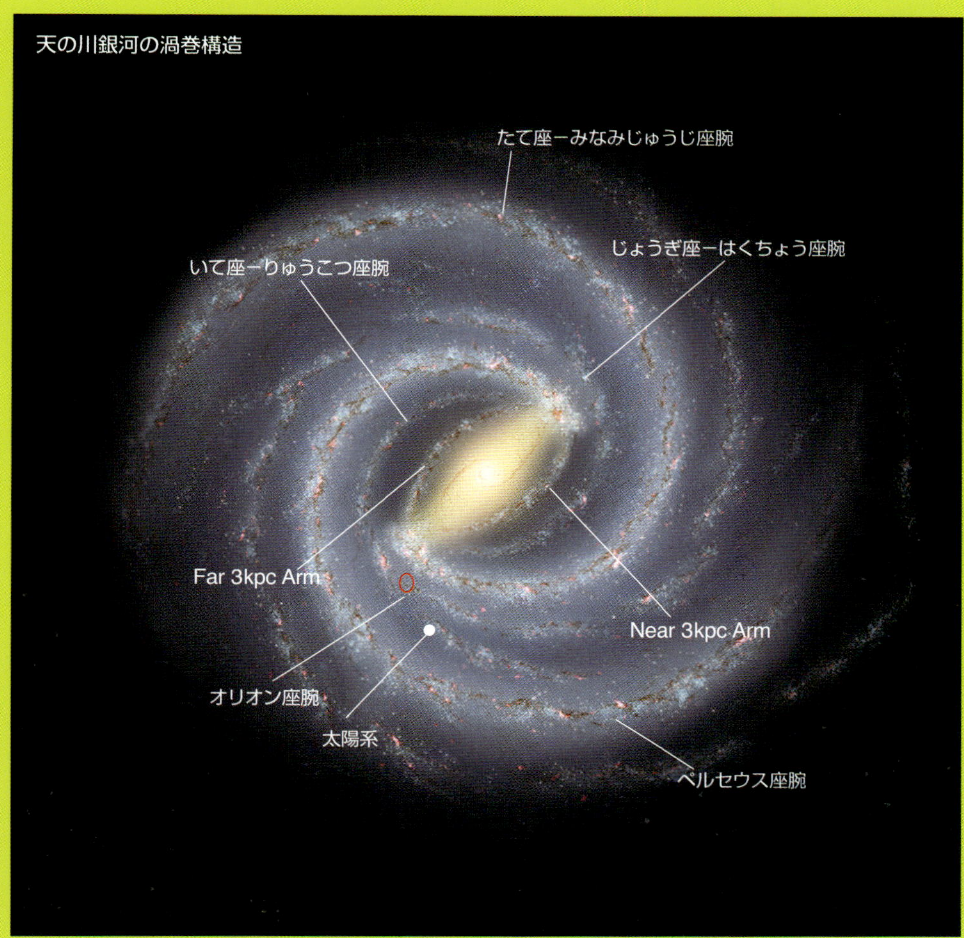

天の川銀河の渦巻構造

現在，一般的に考えられている天の川銀河の渦巻構造。今回の観測から，オリオン座腕が「ペルセウス座腕」，「たて座ーみなみじゅうじ座腕」といった大きな腕の仲間入りをする可能性が出てきた。赤丸で囲んだところは，オリオン座腕からの枝分かれ構造がみつかった領域である。

4
惑星と太陽系の天体たち
Planets and Solar system objects

地球を含む8惑星が太陽を中心に公転している

土星
周囲に大きなリングをもつ巨大ガス惑星。

木星
直径が地球の約11倍もある，太陽系で最も大きい惑星。

水星
太陽に最も近く，最も小さい惑星。

太陽
太陽系の中心に位置し，みずから光を放つ恒星。

現在の太陽系の姿

太陽と，水星から土星までの惑星，小惑星帯をえがいた（惑星の大きさは誇張してある）。太陽系の天体は，太陽の重力に引かれながら，太陽のまわりを楕円運動している。

太陽から各惑星までの距離は下の図の通りである。さらに海王星より遠方には冥王星や，氷でできたもう一つの小惑星帯（エッジワース・カイパーベルト）があり，オールト雲につながっている。

天の川

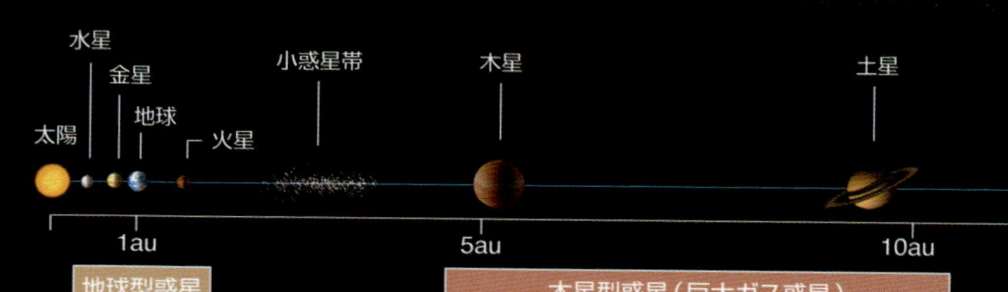

太陽系は，水星・金星・地球・火星・木星・土星・天王星・海王星の8個の惑星とそれらの衛星，準惑星，小惑星，彗星，惑星間を満たす物質からなっている。太陽から海王星までの距離は約45億キロメートルだが，太陽の磁場は約150億キロメートルにまで広がっている。

太陽は，太陽系の全質量（重さ）の99.866％を占め，残る0.134％を惑星と衛星が占めているのだ。数の上では最も多い小惑星と彗星の総質量は，太陽系全体の10万分の1程度で，これらの天体はほぼすべて太陽のまわりを同一方向に公転している。公転軌道はほぼ同一の平面上にあり，軌道は太陽を一つの焦点とする円に近いだ円をえがいている。地球より内側の金星と水星を「内惑星」，地球より外側の惑星を「外惑星」という。

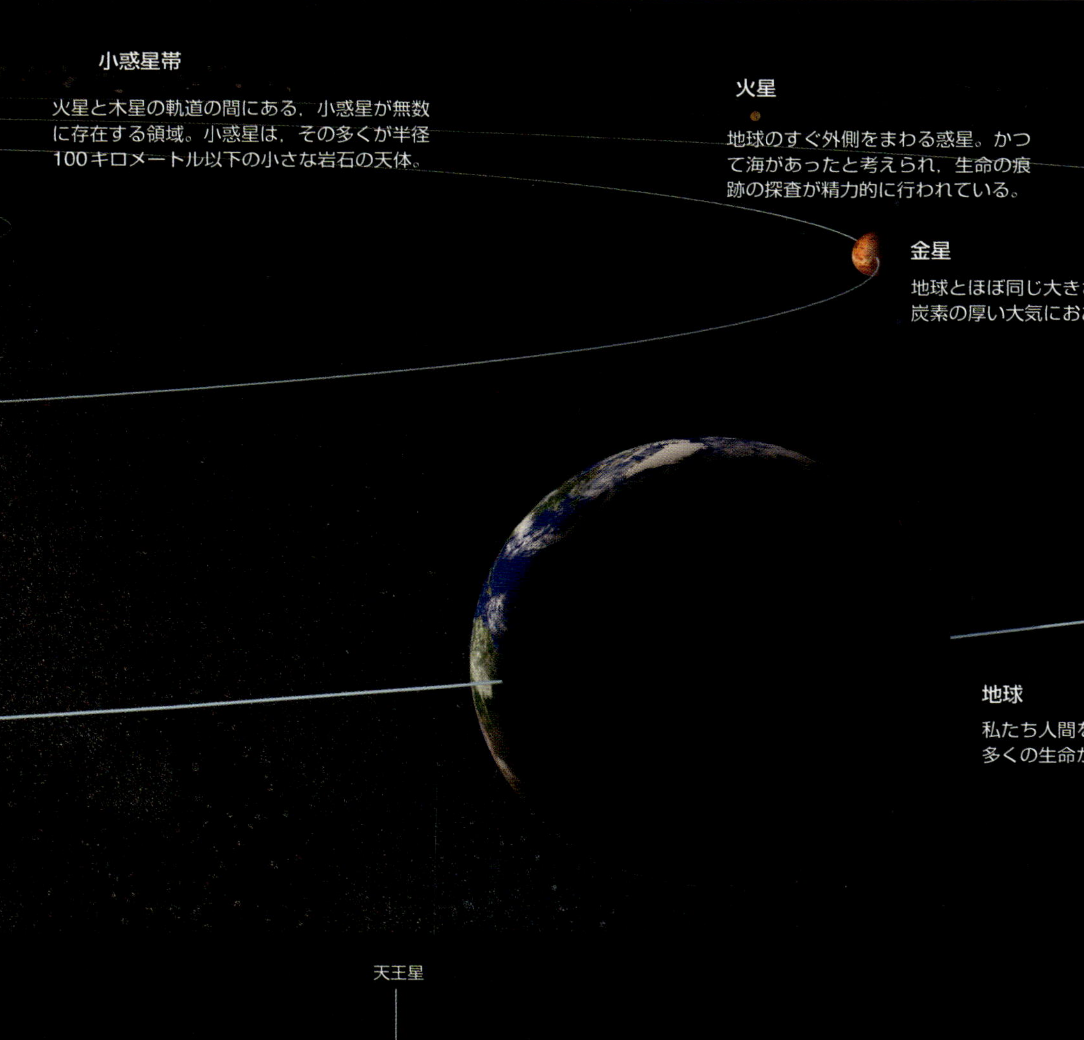

小惑星帯
火星と木星の軌道の間にある，小惑星が無数に存在する領域。小惑星は，その多くが半径100キロメートル以下の小さな岩石の天体。
火星
地球のすぐ外側をまわる惑星。かつて海があったと考えられ，生命の痕跡の探査が精力的に行われている。
金星
地球とほぼ同じ大きさで，二酸化炭素の厚い大気におおわれた惑星。
地球
私たち人間をはじめ，多くの生命が住む惑星。
天王星
海王星
20au
30au
天王星型惑星（巨大氷惑星）
1au（天文単位）＝約1億5000万キロメートル

多くのクレーターが分布する水星

水星は，太陽に最も近い惑星だ。地球から見ると，角度にして28°以上太陽からはなれないため，日没後または日の出前のわずかな時間しか見ることができない。水星の表面は，月の表面に似て多くのクレーターでおおわれている。最大のカロリス盆地の直径は，水星の直径の4分の1にも達する。また，「リンクルリッジ」とよばれる長大な断崖地形が多くみられる。

水星の質量は地球のわずか20分の1だが，半径の4分の3にもなる非常に大きな金属鉄のコアをもっている。

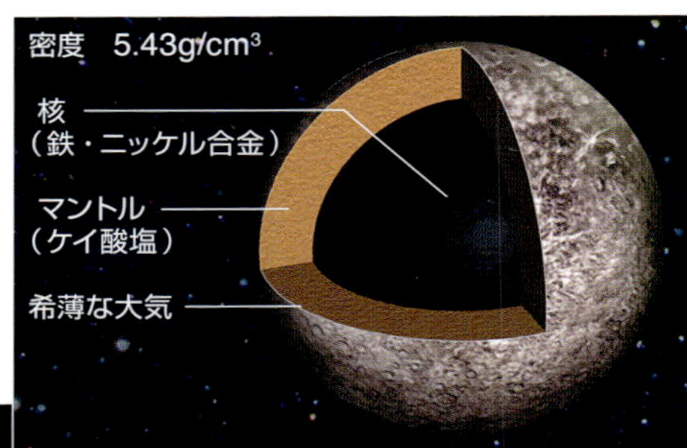

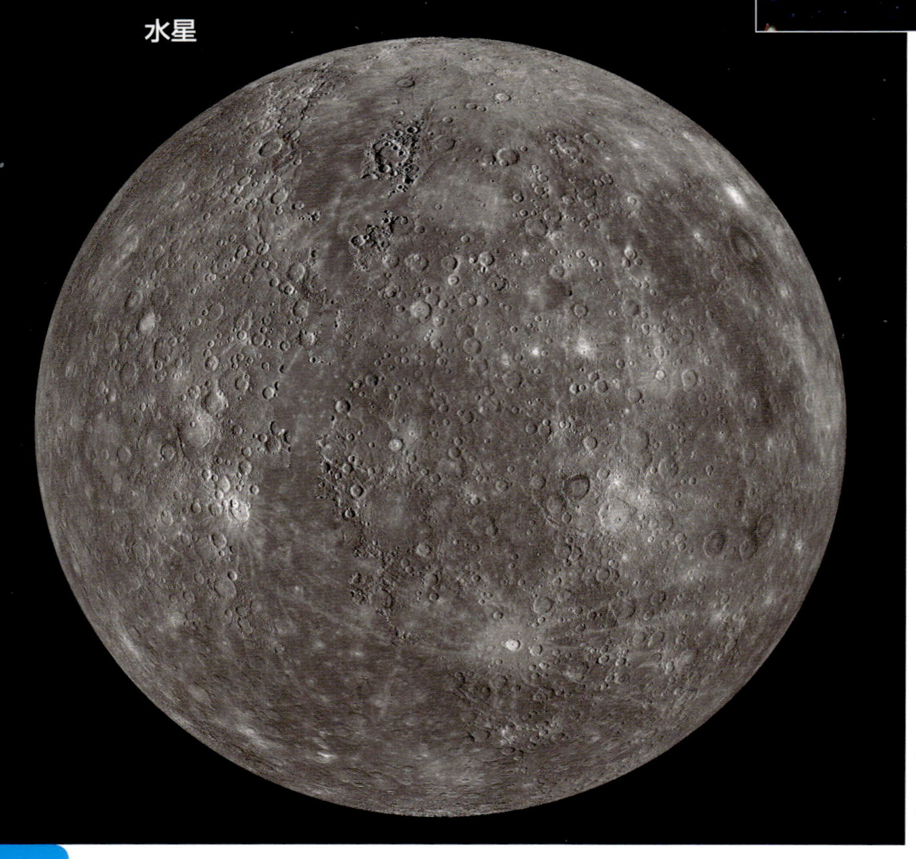

水星は小さい上に太陽の引力や温度の影響が強いため，衛星による探査がむずかしい惑星である。近年では，2004年に打ち上げられて2015年に水星に落下したアメリカの探査機メッセンジャーが探査に成功した。この画像は2013年にメッセンジャーが撮影したものである。また現在，日本と欧州の共同探査（ベピ・コロンボ計画）が進行中で，2026年11月に水星の周回軌道に投入される予定である。

太陽系第2惑星の金星は,「明けの明星」,「宵の明星」として親しまれてきた。地球から見て，太陽の東西48°以内を往復し，月と同様に満ち欠けする。自転の方向がほかの惑星と逆で，周期約243日でゆっくりとまわっている。濃硫酸の厚い雲におおわれているため，地球からその地表を直接見ることができない。

大気の主成分は二酸化炭素で，濃硫酸が金星を黄白色にみせている。地表の約70%は高原状の比較的平坦な地形におおわれているが，火山も多く，山脈もある。マクスウェル山脈とよばれる金星最大の山脈は，その標高がエベレストを上まわる11000メートルに達することがわかっている。

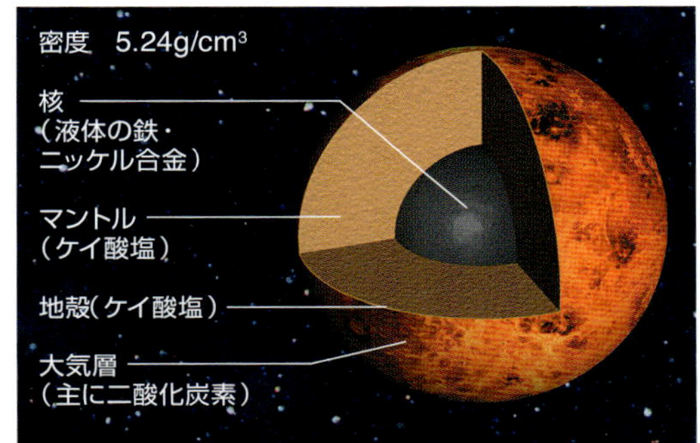

金星は濃硫酸の雲におおわれているため，地球からは地表を見ることができない。下の画像は2010年に打ち上げられた日本の金星探査機「あかつき」が2018年に撮影したものである。

金星

金星は，夕方か明け方にしか見えない

水星と金星は，地球よりも太陽に近い軌道をまわっているので，太陽から遠く離れることができない。そのため常に太陽光が観測の邪魔をして，明け方か夕方にしか見ることができない。この二つの惑星を最もよく観察できるのは，夕方の西の空に見える「東方最大離角（太陽の東側に一番離れる角度）」のころで，水星だと1年に3回ほど，金星は1年半ごとになる。

どちらも肉眼で見ることができるが，水星は観測できる時間が1時間ほどしかないので，タイミングよくその姿をとらえるのがむずかしい。金星の場合には，夕方に見える「宵の明星」が約7か月つづいたあと，内合（地球と太陽の間に入る）で見えない期間が約1か月，明け方に見える「明けの明星」が約7か月つづいたあと，外合（太陽の向こう側に隠れる）で見えない期間が約1か月…の繰り返しで見える。星として見えるものでは全天で一番明るい（マイナス4等星）。

太陽の前を横切る水星

写真は，太陽の前を通過する水星をとらえたものだ。水星は太陽の黒点と同じくらい小さく見える。

日の出前の空に輝く，明けの明星

明けの明星は日の出前の数時間だけ観察できる金星の姿である。太陽の後をおいかけるように沈んでしまう宵の明星と同様に，観測できる時間がかぎられている。写真は伊豆半島で見た明けの明星だ。

外惑星の火星，木星，土星は探査機で詳細がわかる

火星は太陽系第4惑星で，780日ごとに地球に接近し15～17年ごとに大接近（5500万キロメートル）する。火星の半径は約3396キロメートルで，地球の約半分である。表面の約4分の3は半砂漠状態で，クレーターが点在している。また，高さ2万5000メートルの巨大な火山（オリンポス山）や，マリネリス峡谷という大峡谷がつらなっている。表面温度は赤道域で昼が15℃，夜がマイナス100℃。極地方では冬にドライアイスでできた「極冠」が成長する。

木星は半径が地球の約11倍，質量が地球の約318倍もある太陽系最大の惑星だ。密度は1立方メートルあたり約1330キログラムと，太陽に近い。木星はその表面をガスでおおわれた「巨大ガス惑星」だ。木星の核は，岩石や氷でできており，地球の10倍程度の質量をもっていると考えられている。核の外側に液体金属水素，液体分子水素の層がきて，一番外側は水素とヘリウムガスの層になっている。

土星も巨大ガス惑星だ。内部構造も木星とよく似ている。半径約6万300キロメートル，質量は地球の約95倍で，木星についで太陽系第2位の大きさだ。土星といえば，美しいリングがとても印象的だ（143ページ参照）。

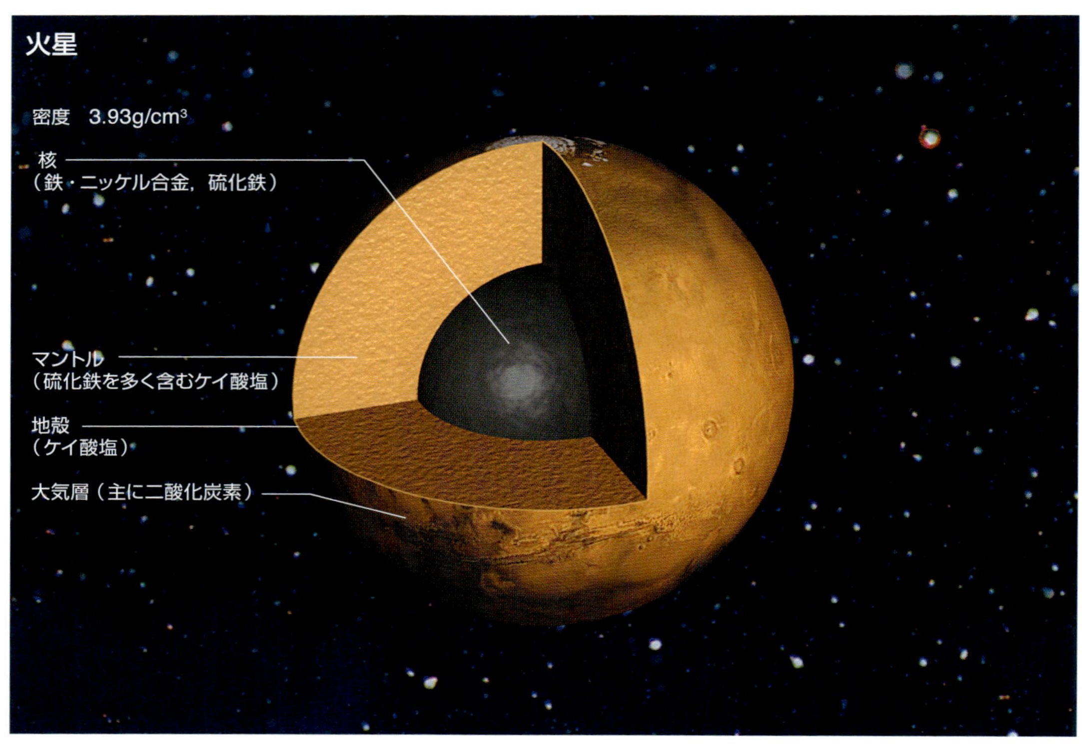

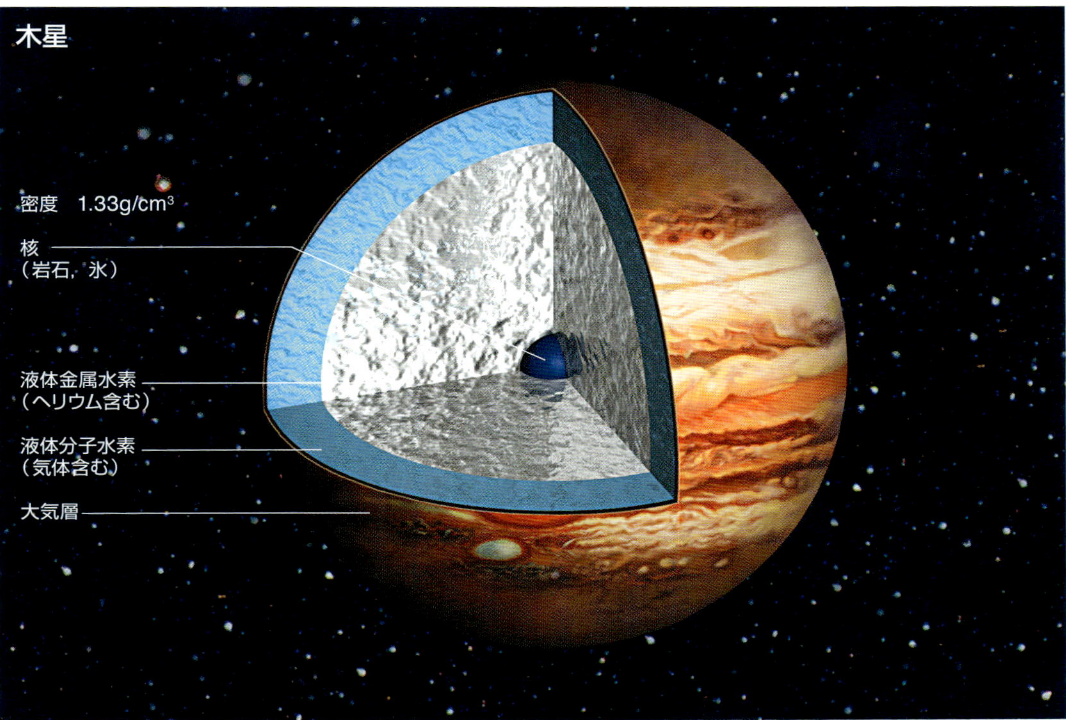

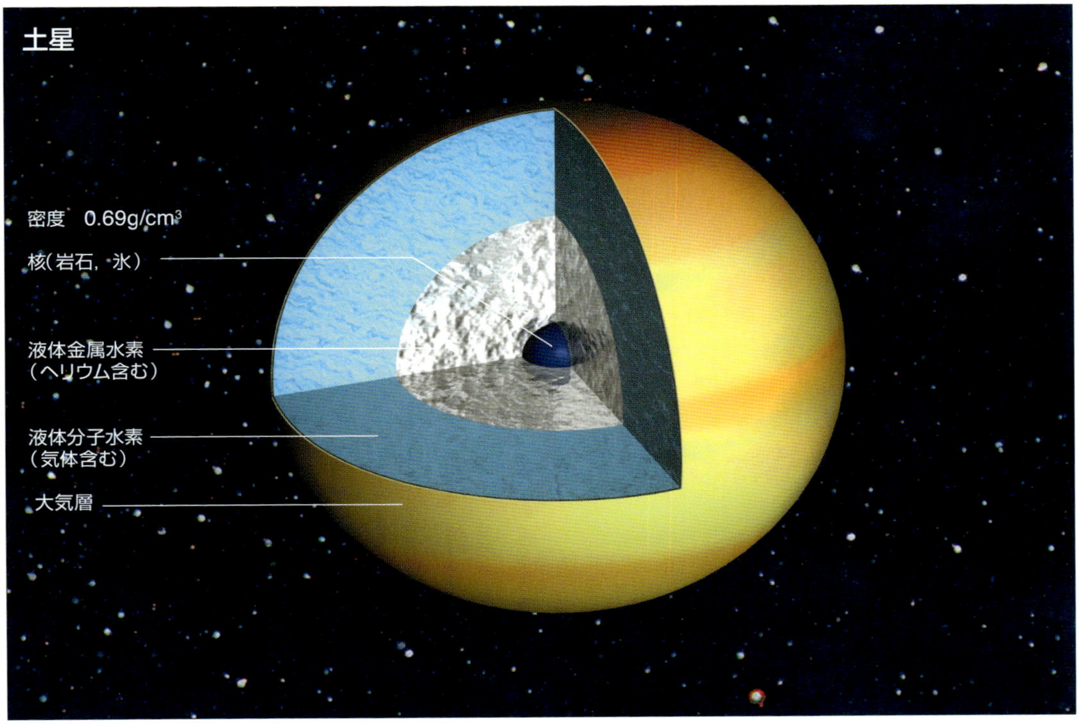

木星
密度　1.33g/cm³
核
（岩石，氷）
液体金属水素
（ヘリウム含む）
液体分子水素
（気体含む）
大気層

土星
密度　0.69g/cm³
核（岩石，氷）
液体金属水素
（ヘリウム含む）
液体分子水素
（気体含む）
大気層

三つの外惑星は，ほぼ1年中観測できる

火星・木星・土星は，地球より外側の軌道をまわっているため，太陽と同じ方向に見える「合（太陽をはさんで反対側）」の時期をのぞくと，ほぼ1年中見える。そのなかでも外惑星が見やすいのは，これらの惑星が地球をはさんで太陽の反対側に来ているときで，特に太陽と地球と惑星が直線状に並ぶ「衝」のときには真夜中に頭上で明るく輝くようすを見ることができる。火星の衝は約2年2か月ごとに，木星と土星の衝はそれぞれ約13か月ごとに訪れる。

太陽系の惑星では，天王星と海王星以外は肉眼で見ることができる。惑星は天球に張りついた多くの恒星とは違った動き方をするのに加え，面積があってまたたかないため，毎日観測をつづけると，肉眼でも惑星と認識できるはずだ。

地球に季節があるように，これらの外惑星にも季節がある。しかし，季節変化のスピードは，火星が地球の約2倍，木星では約3年，土星では約7年半の時間を要するため，それを観察するには非常に長い時間がかかる。火星の南北両極には，白く地表をおおうドライアイスでできた極冠があるが，火星の夏には極冠が小さくなり，冬には大きくなるなど，季節変化を感じることができる。

火星

火星の表面は，鉄分を多く含む岩や砂で覆われており，その鉄分が錆びて赤さびとなるため，赤く見える。さらに，大気が薄く風が強いため，表面の細かい砂や塵が大気中に舞い上がり，それがさらに火星を赤っぽく見せている。

木星

この画像は木星を木星の赤道上から見たもので，木星の最大の特徴である縞模様がよく見える。左下に見えるのが大赤斑とよばれる巨大な渦で，その中に地球（直径約 12742 キロメートル）がすっぽり収まってしまう。2011 年に打ち上げられた探査機ジュノーは，現在でも木星の周りを周回しながら観測をつづけている。

土星

1997 年に打ち上げられた探査機カッシーニは，2017 年に観測を終了するまで，土星とその惑星を観測しつづけた。この間，カッシーニは土星のリングについて詳細な観測を行った。また，土星の大気と気象についても多くの知見をもたらした。

SECTION
56

Uranus

天王星

地球からは，天王星の北極と南極が見える

天王星は，太陽系で3番目に大きな惑星だ。海王星とともに，巨大氷惑星とよばれる。天王星は最大光度が5.3等であり，最接近時にはぎりぎり肉眼でも見ることができる。横倒しの姿勢で公転しているため，地球から見ると北極がみえたり，南極がみえたりしている。自転軸が98°も傾いており，横倒しの姿勢で公転しているのが，大きな特徴だ（右のイラスト）。

天王星は表面温度マイナス220℃という極寒の世界だ。大気の主成分は水素（約83%）で，そのほかにヘリウム（約15%）やメタン（約2%）が含まれている。内部は，アンモニアやメタンのまじった氷からなるマントルと，岩石質のコアで構成されていると推定されている。

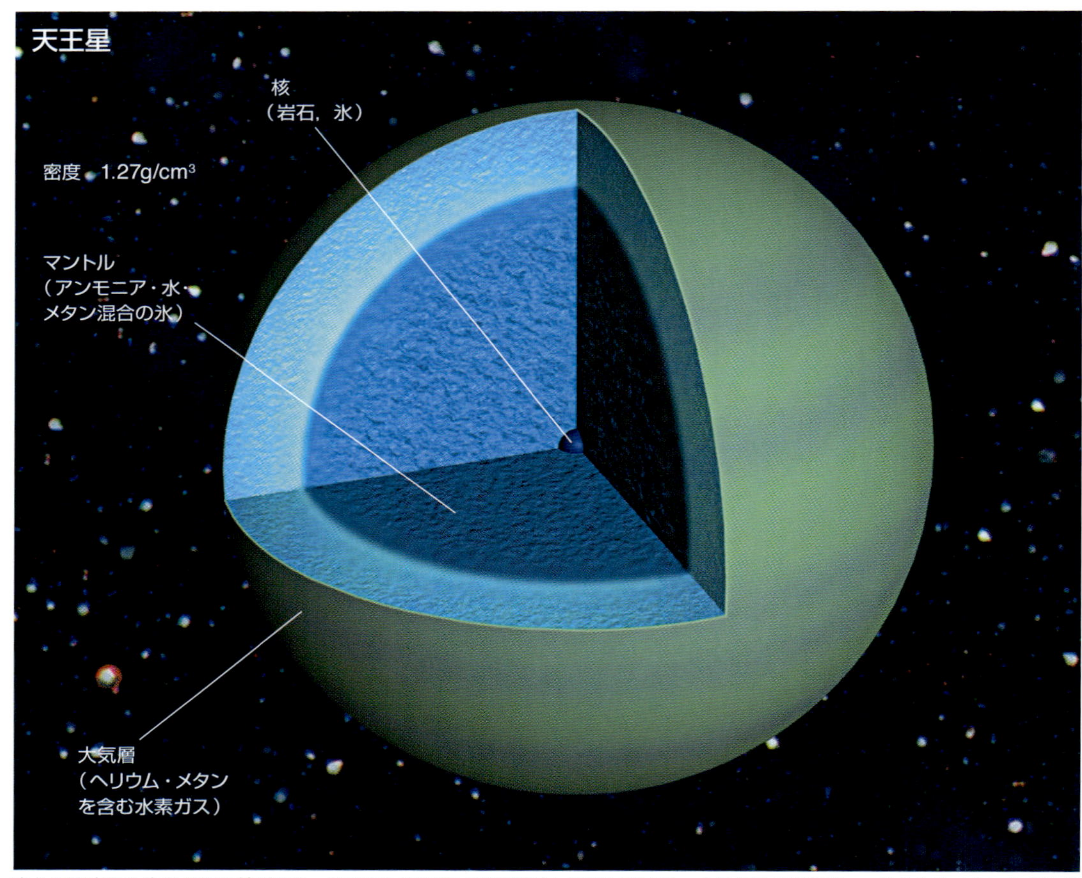

中心には岩石と氷からなる核があり，そのまわりを厚い氷の層がとり囲んでいる。さらにその外側を，ヘリウムやメタンなどからなるガスがおおっている。その5割以上が水などの氷でできているため，巨大氷惑星の枠にくくられる。青緑色をしているのは，上層のメタンが赤色の光を吸収するためである。

天王星は自転軸が軌道面に対してほぼ直角に傾いている。リングは 13 本あるが，木星のリングとくらべてもきわめて細い。リングを構成するメタンなどが，放射線を受けて黒くなったためか，かなり暗い。衛星の数は 27 個で，天王星の赤道面上を横倒しの状態でいっしょにまわっている。天王星と海王星を観測した衛星は，1977 年に打ち上げられたボイジャー 1，2 号のみで，145 ページと 147 ページのイラストはボイジャーの観測を元につくられたイメージ画像である。

太陽から最も遠い巨大氷惑星

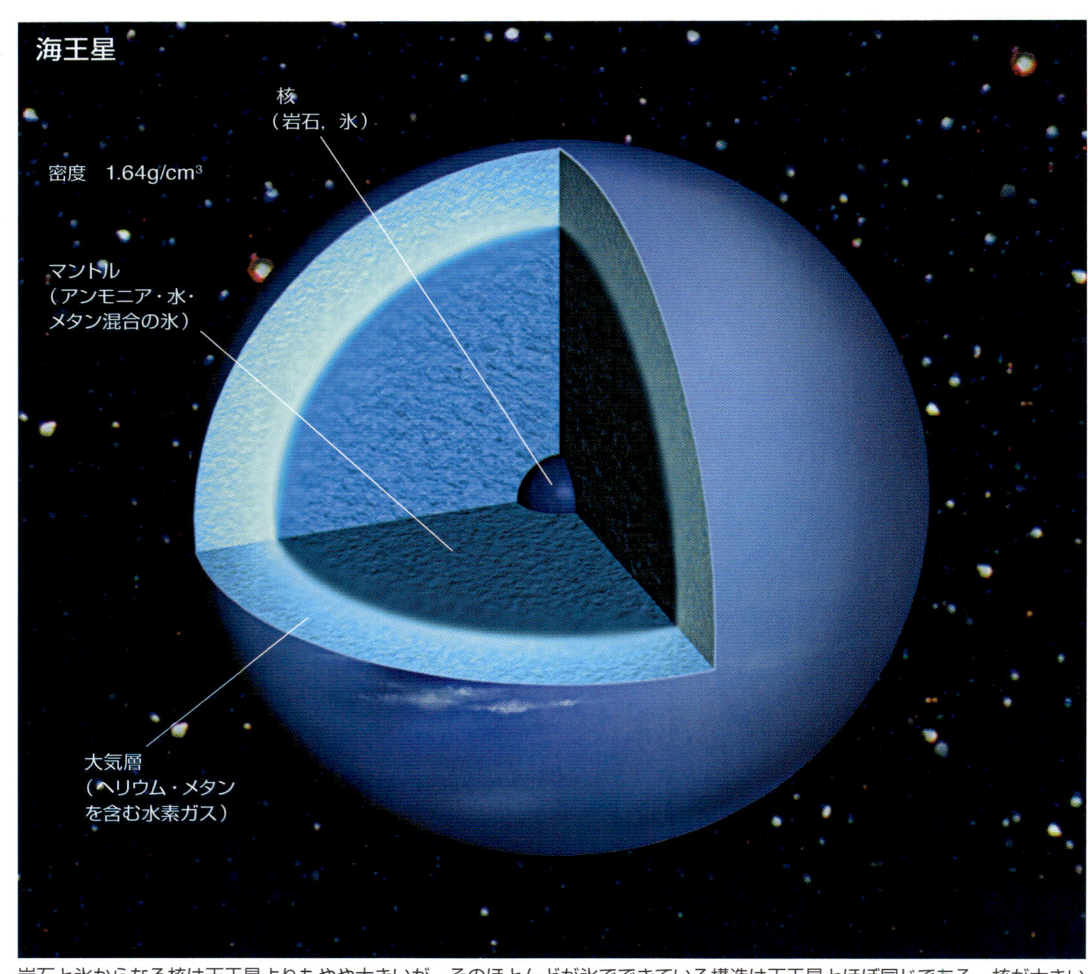

岩石と氷からなる核は天王星よりもやや大きいが，そのほとんどが氷でできている構造は天王星とほぼ同じである。核が大きい分，密度は天王星よりも高く，巨大惑星の中では密度がいちばん高い。表面には縞模様の雲があり，また「大暗斑」とよばれる木星のような渦も観測されている。

海王星は太陽から最も遠いところを公転している惑星だ。海王星の大気圏は高度80キロメートルまでの対流圏と，その上の成層圏に分かれていて，対流圏にはメタンや硫化水素の雲が存在する。大気の主成分は水素（約80%）とヘリウム（約19%）で，そのほかメタン（約1.5%）などの水素化合物を含んでいる。内部構造は天王星によく似ており，氷のマントルと岩石質のコアからなる。

一方海王星は，大気中に存在するメタンが赤色光を吸収するため青緑色に輝いてみえる。最大光度は7.8等で，肉眼では見ることはできない。

海王星は，天王星の軌道の不思議さを解明する観察の中で1846年に発見された。1781年にウィリアム・ハーシェルによって発見された天王星の軌道を計算すると，その実際の位置は計算結果からわずかにずれるのだ。その原因を探ると，未知の惑星の重力が影響していると推測された。フランスの天文学者ウルバン・ルヴェリエは，詳細な計算を元に未知の惑星の位置を予測した。この計算を元に観測し発見されたのが海王星である。

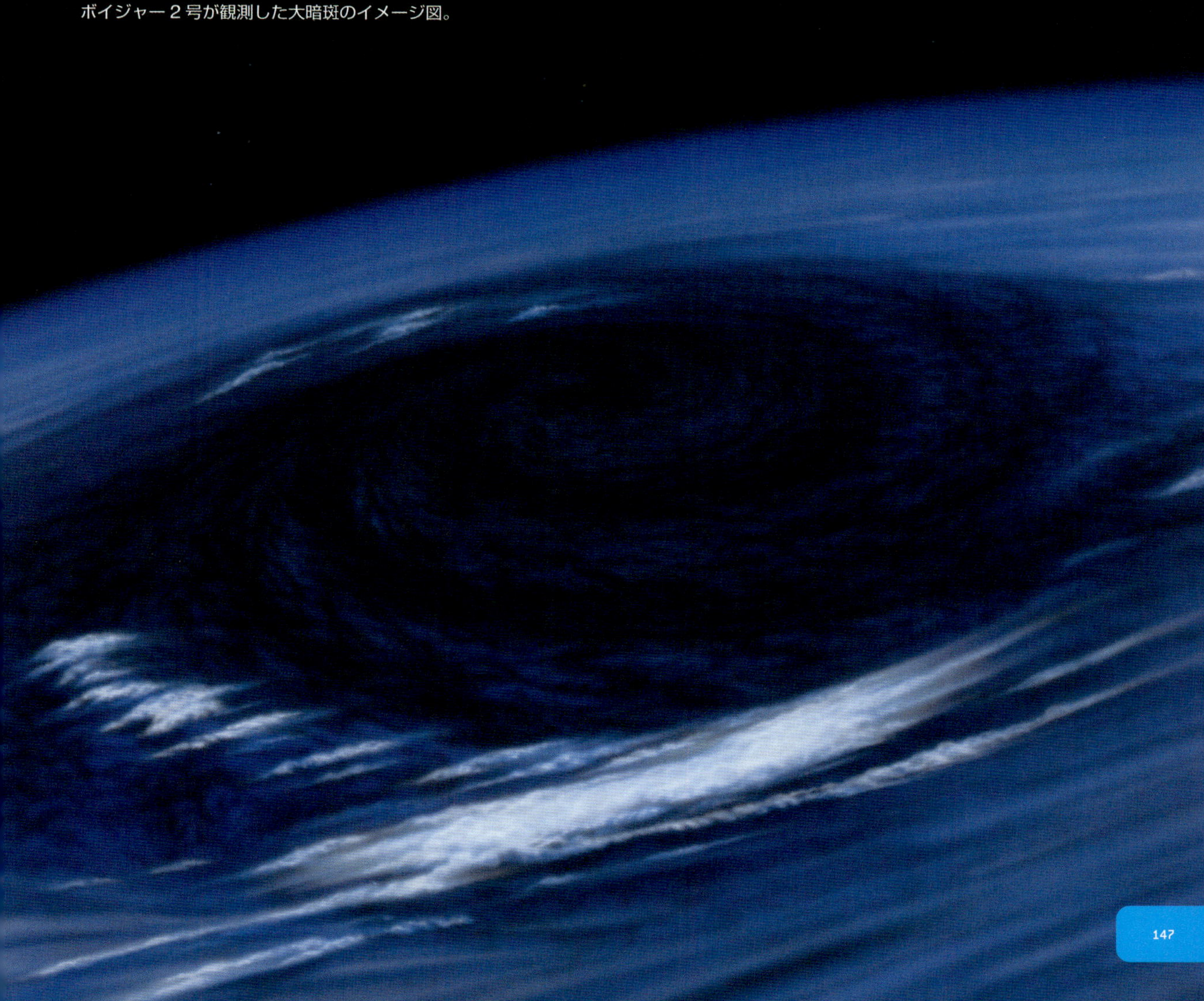
ボイジャー２号が観測した大暗斑のイメージ図。

COLUMN

海王星より外側にある小天体「太陽系外縁天体」

エッジワース・カイパーベルト

エッジワース・カイパーベルトは，海王星の軌道付近（約30au＝天文単位）から50au付近までの円盤状（ドーナツ状）の領域のことである。氷が主成分の比較的小規模な天体が散在している。

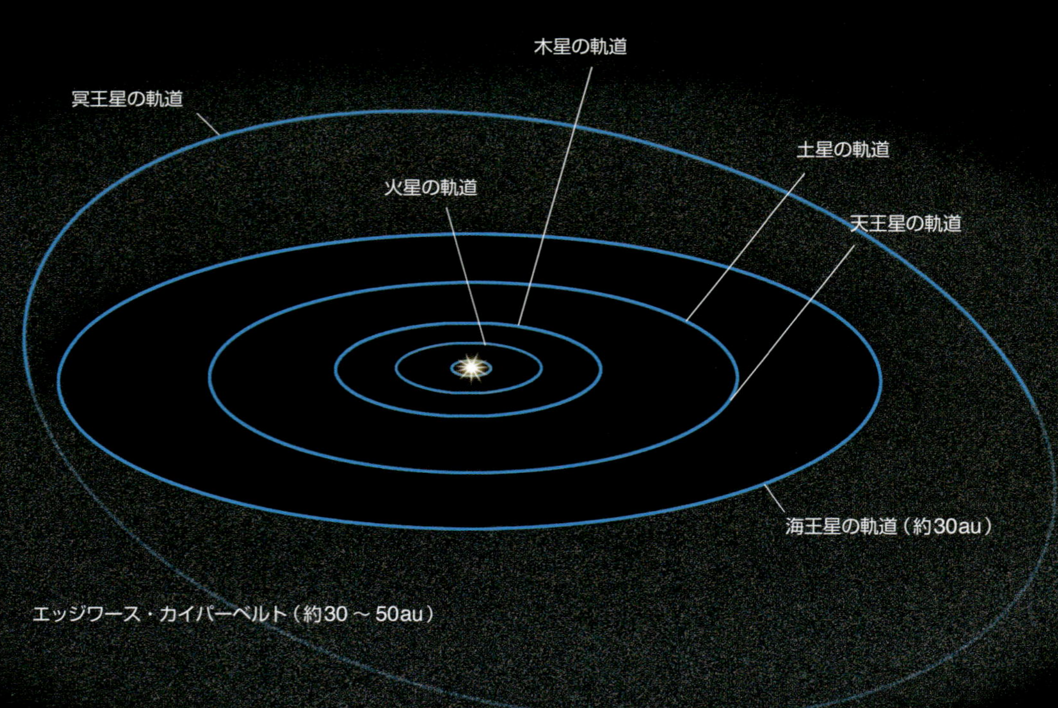

海王星より外側の領域にも「太陽系外縁天体（エッジワース・カイパーベルト天体）」とよばれる多数の小天体が発見されている。

1940年代に，天文学者エッジワースが，1950年代にカイパーが，太陽系外縁部に，氷を主成分とするような無数の天体が，ベルト上に存在する領域があると予測していた。この領域を「エッジワース・カイパーベルト」という。

また，準惑星も，海王星より外側にあるものは太陽系外縁天体に含まれる。その代表的な天体が冥王星（下の写真）であるため，これらの準惑星は「冥王星型天体」ともよばれる。

太陽系外縁天体は，軌道が明らかになっていないものを含めて，これまでに約5900個がみつかっている（2025年2月現在）。

エッジワース・カイパーベルトの存在領域は，約30〜50天文単位の範囲とされている（ただし，非常に長い楕円軌道を回る「セドナ」は，最も遠いところで太陽から約1000天文単位はなれた軌道をまわる）。これまでの観測では，50天文単位以遠の領域からは，太陽系外縁天体はあまりみつかっていない。しかし，その理由は明らかになっていない。

冥王星
写真は探査機「ニューホライズンズ」が2015年に高度約12500キロメートルからとらえたもの。

地球の連星ともいえる唯一の巨大な衛星

月は，地球の周囲をまわる唯一の衛星だ。人類が降り立った唯一の天体でもある。地球から約38万4000キロメートルの距離を，周期27.3日かけて公転し，周期29.5日で満ち欠けをしている。

最大光度はマイナス12.6等で，太陽の50万分の1だ。公転周期と同じ周期で自転しているため，つねに地球に同じ面（表）を向けている。

月面には暗くて平らな「海」と，明るく起伏に富む「高地」がある。海の部分は，とけた玄武岩がクレーターを埋めて形成された。高地の部分は古い岩石からなり，太陽系初期に微惑星の衝突によってできたクレーターが数多く存在する。

地球と月の間には潮汐力がはたらいている。その結果，月は地球から1年に約3センチメートルずつ遠ざかっている。

月の起源については，地球に火星サイズの天体が衝突し，飛び散った破片から生まれたという「ジャイアント・インパクト説」が有力視されている。ただ，地球と月の岩石の同位体組成がよく似ていることは，従来のジャイアント・インパクト説ではうまく説明がつかないため，小型の天体が複数回衝突したとする説も近年では提案されている。

1969年，3人の宇宙飛行士を乗せたアポロ11号は見事に月面への着陸に成功し，アームストリング船長とオルドリン飛行士（写真）が月面に降り立った。

ジャイアント・インパクト説
地球はその誕生初期に，火星サイズの原始惑星に衝突されたために大きく破壊された。宇宙へ飛びだしたその破片から月がつくられたというのが「ジャイアント・インパクト説」である。

「海」がつくられたころの月面の想像図。クレーターの割れ目から溶岩流が噴きだしている。溶岩流はクレーターを埋めつくし，海をつくりだした。

SECTION 59

Waxing and waning of the moon

月の満ち欠け

太陽光がつくる月の影は毎日変化する

満月の月をよく見ると，月に明暗があることに気づくだろう（写真）。暗く見えるところは「月の海」とよばれる低地で，溶岩が噴出し流れたところである。明るいところは高地だ。写真は山梨県瑞牆山から見た満月。

恒星（太陽をのぞく）や惑星が点としてしかみえないのに対し，月は面を見ることができるので，夜空の中でとても存在感がある天体だ。面をもつ月の特徴といえば，満ちたり欠けたりすることである。月の満ち欠けがおきるのは，月と地球と太陽の位置関係によって，月面に太陽の光が当たる場所が，地球から見て変化するためだ。

月はとても明るく輝いているが，恒星のようにみずから輝いているわけではない。太陽からの光を反射することではじめて輝いてみえるのだ。そのため月は，太陽に照らされている半面のみが輝いているということになる。

月が太陽と地球のちょうど間にくるような位置関係になると，地球からは月の影の部分しかみえないので，月はみえなくなる。これを「朔（新月）」という。一方，月と太陽のちょうど間に地球がくるような位置関係のときは，地球からは太陽に照らされた月面すべてがみえることになる。これを「望（満月）」という。そして，新月と満月の中間の月を「上弦の月」，満月と新月の間の月は「下弦の月」という。上弦の月は，左側半分，下弦の月は右側半分が欠けてみえる。いわゆる「半月」のことだ。

新月からふたたび新月になる周期のことを「朔望月」といい，その周期は約29.5日である。

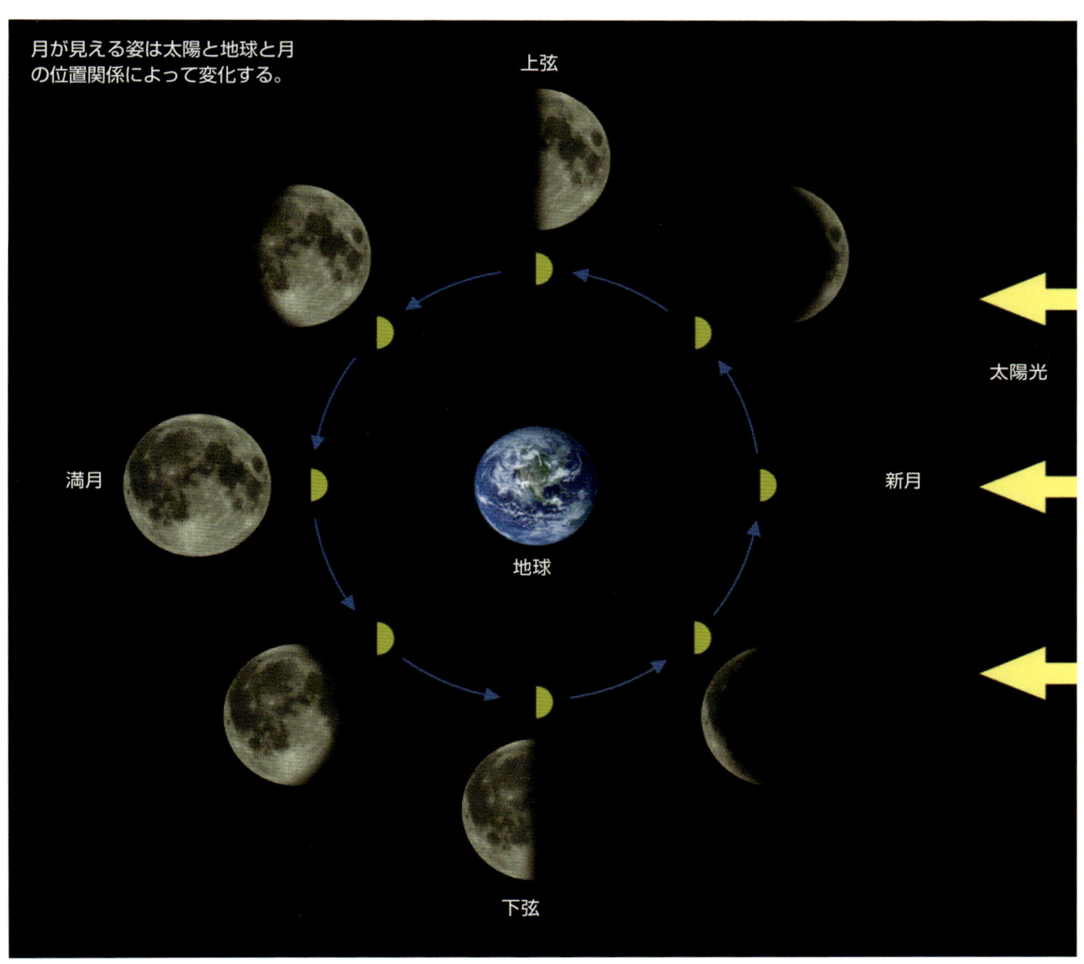

月が見える姿は太陽と地球と月の位置関係によって変化する。

SECTION 60

Lunar eclipse

地球が月面に影を落とすとき，月食がおこる

月食

月が完全に地球の影に入る皆既月食では，地球の大気を通り抜ける時に屈折した太陽光のうち波長の長い赤やオレンジの光が月面を照らすため赤銅色に見える。写真はヒマラヤ山脈で見た月食。

月食は，月が地球の影によって暗くなる現象だ。太陽，地球，月が順番に一直線に並んだとき，私たちは月面にうつる地球の影を見ることになる。すなわち，月食は，月が地球の影に入りこむことによっておきているのだ。

月が地球の影に一部だけ入るときを「部分月食」といい，すべて入るときは「皆既月食」という。しかし，皆既月食になっても月はみえなくなるわけではなく，赤銅色に光ってみえる（左ページの写真）。これは，月から見て地球の縁にあたる部分の大気の中を，太陽の光が屈折して通り，地球の影の部分にもまわりこむためにおきる。その光線の一部が月面をわずかに照らしだすのだ。

皆既月食が見られる今後の予定は，国立天文台のサイトなどで公表されている。普段とはことなる，赤く染まった月をぜひ観望してみよう。

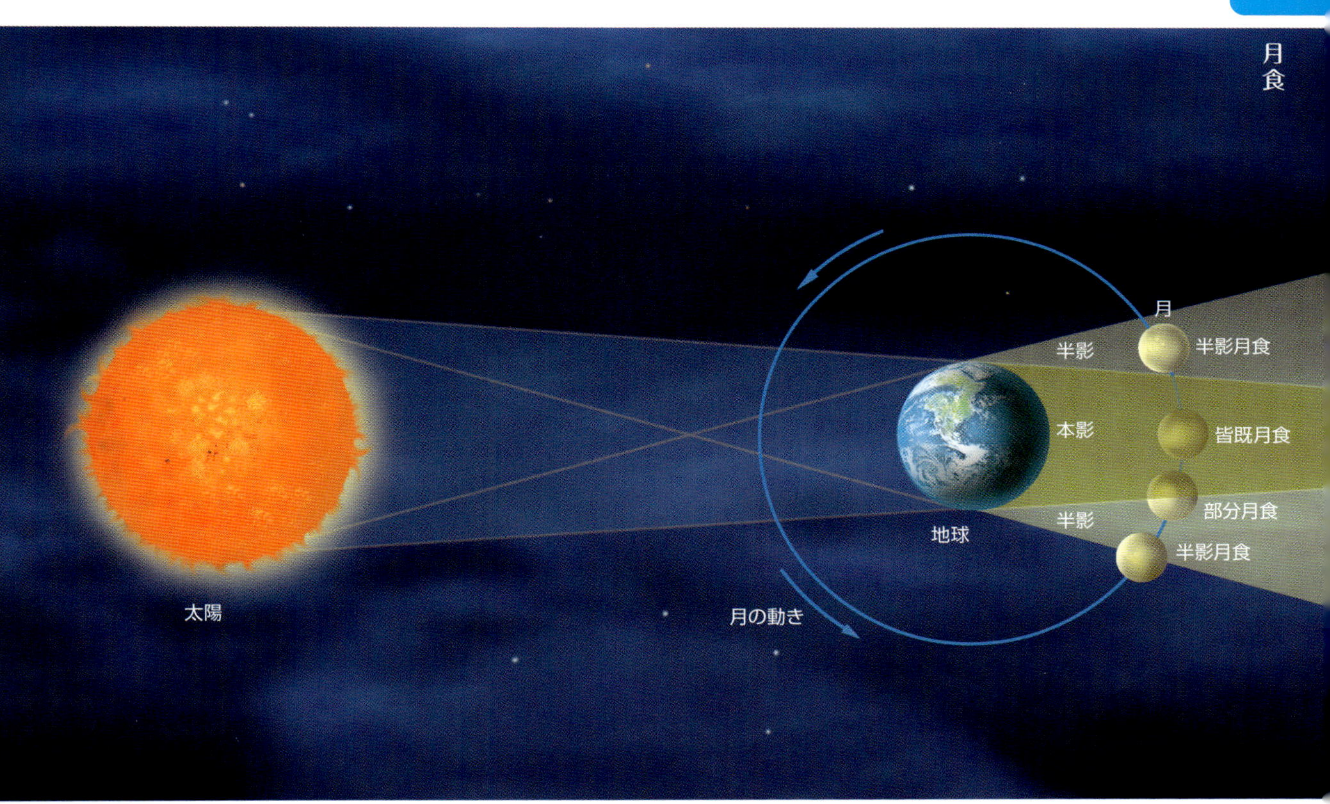

月食がおこる理由

太陽，地球，月の順に，それらが一直線に並ぶときを望（満月）という。望のとき，とくに月が黄道面に近いと，地球の影に入って暗くなる。この現象を月食という。地球の影のうち，半影の中に入ってもほとんど暗くならない。本影の中に入ったときに月食となる。一部だけ入るときは部分月食，全部入るときは皆既月食となる。月食では，月は左（東）側から欠けはじめ，皆既月食になっても地球大気の影響で赤銅色に光る。

SECTION 61

Solar eclipse

地球に月が影を落とすとき，日食がおこる

日食

日食には皆既日食（写真）と金環日食，部分日食の3種類がある，皆既日食は非常に狭い範囲でおこる現象だが，その周囲では広く部分日食が観測される。また，月が太陽をおおいきれないと月の周囲にわずかに太陽の姿が見えるため，金環日食となる。なお，皆既中以外のときには，肉眼で直視することは失明する危険があるので，必ず専用の観測グラスを用いる必要がある。

日食は，太陽，月，地球が一直線に並び，太陽が月の背後にかくされる現象をいう。太陽は月の400倍も大きいが，地球からの距離も月までより400倍遠いために月が太陽を完全にかくすのだ。日食は月が朔（新月）のときにおきるが，新月のたびに日食がおきるわけではない。月と地球の軌道面が約5度傾いているため，太陽，月，地球の中心がそろって一直線に並ぶ機会は少なく，その頻度は1年に2～3回だ。

月の影が地上に直接落ちる直径数十～数百キロメートルのところでは，太陽が完全にかくれる「皆既食」が見られる。この影は西から東へ移動していく。この帯状の部分を「皆既食帯」といい，そのまわりでは，太陽の一部がかくれる「部分食」が見られる。皆既食のときは，通常はみえないコロナや彩層を肉眼でも見ることができる。

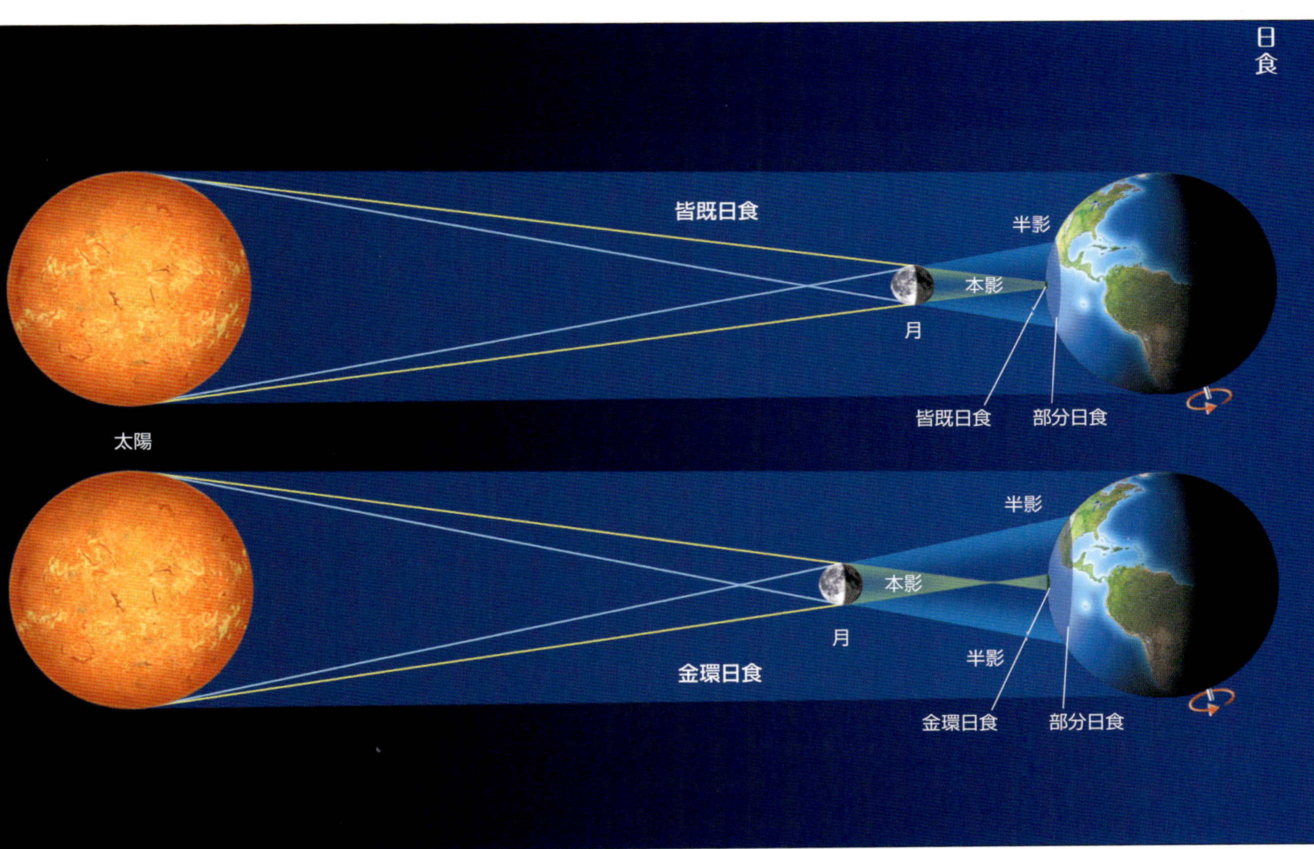

皆既日食と金環日食

月が太陽の光をさえぎってつくる月の影には，「本影」と「半影」がある。本影は太陽の光が直接とどかない影であり，半影は光の一部がとどく影である。本影が地上まで届く場合，本影の地域では皆既日食になる。本影が地上に直接届かない場合には金環日食になる。半影の部分では部分日食になる。

SECTION
62

Meteor shower

流星群

地球大気で燃えつきる微小天体や固体粒子の一群

アメリカ・オレゴン州のコットンウッドキャニオン州立公園のジョンデイ川に映る流星群。背後には天の川が映っている。

流星とは，太陽系内の微小天体や固体粒子が大気圏に突入し，圧縮加熱で発光する現象をさす。「流れ星」ともいう。

毎年定期的に出現する流星の一群は「流星群」とよばれ，地表からの観測では天球の一点（放射点）から流星が放射状に飛びだしてくるようにみえる。放射点のある星座や，その近くの恒星名をとって，「しし座流星群」，「はくちょう座流星群」などとよんでいる。

流星群は同じ母天体（彗星など）を起源としている。太陽に近づいた彗星はちり粒子を放出するが，彗星の中には分裂するものもある。その分裂した粒子や破片は，母天体の軌道近くに大量にばらまかれ，母天体を追うように太陽を公転するようになるので，地球がその軌道を横切ると，流星群の現象がおきるのだ。流星群は母天体が地球に近づく前後，その数がふえることがある。

イラストは，しし座流星群が活発に出現した場合の想像図である。流星群は，しし座の一点（放射点）を中心として放射状に飛びだす。流星群の観察には特殊な機材は必要ない。ただし，流星痕（右中央）の観察には，双眼鏡があると便利である。

SECTION
63

Fireball

明るく輝く流星は，隕石として落下することも

火球

火球は，大きさ数センチ〜数10センチメートルほどの通常よりも大きな流星が地球の大気に突入した際に観測される。写真は，アメリカ・ワイオミング州上空で観察されたみずがめ座η（エータ）流星群に属する大きな流星。

地球には，目視できないものまで含めると，1日に数十トンもの流星が飛びこんでくるといわれている。その中で，特に大きくて明るく輝く流星を「火球」とよんで区別している。火球の明るさについてはいくつかの定義があるが，国際天文学連合（IAU）では「地球上の観測点から100キロメートルの距離での明るさがマイナス4等より明るいもの」を火球と定義している。

火球の中には，昼間でも見えるものもある。夕方，西の空を飛ぶ飛行機が夕日を受けて光るものを，火球と見あやまる場合も多いようだ。一方，燃えつきることなく隕石として地上に落下する火球もある。そのような火球は衝撃音をともなうことがある。

流星や火球は，地球以外の惑星でも，まわりに気体があれば発生する。

SECTION
64

Comet

彗星

太陽に近づくと尾をたなびかせる小天体

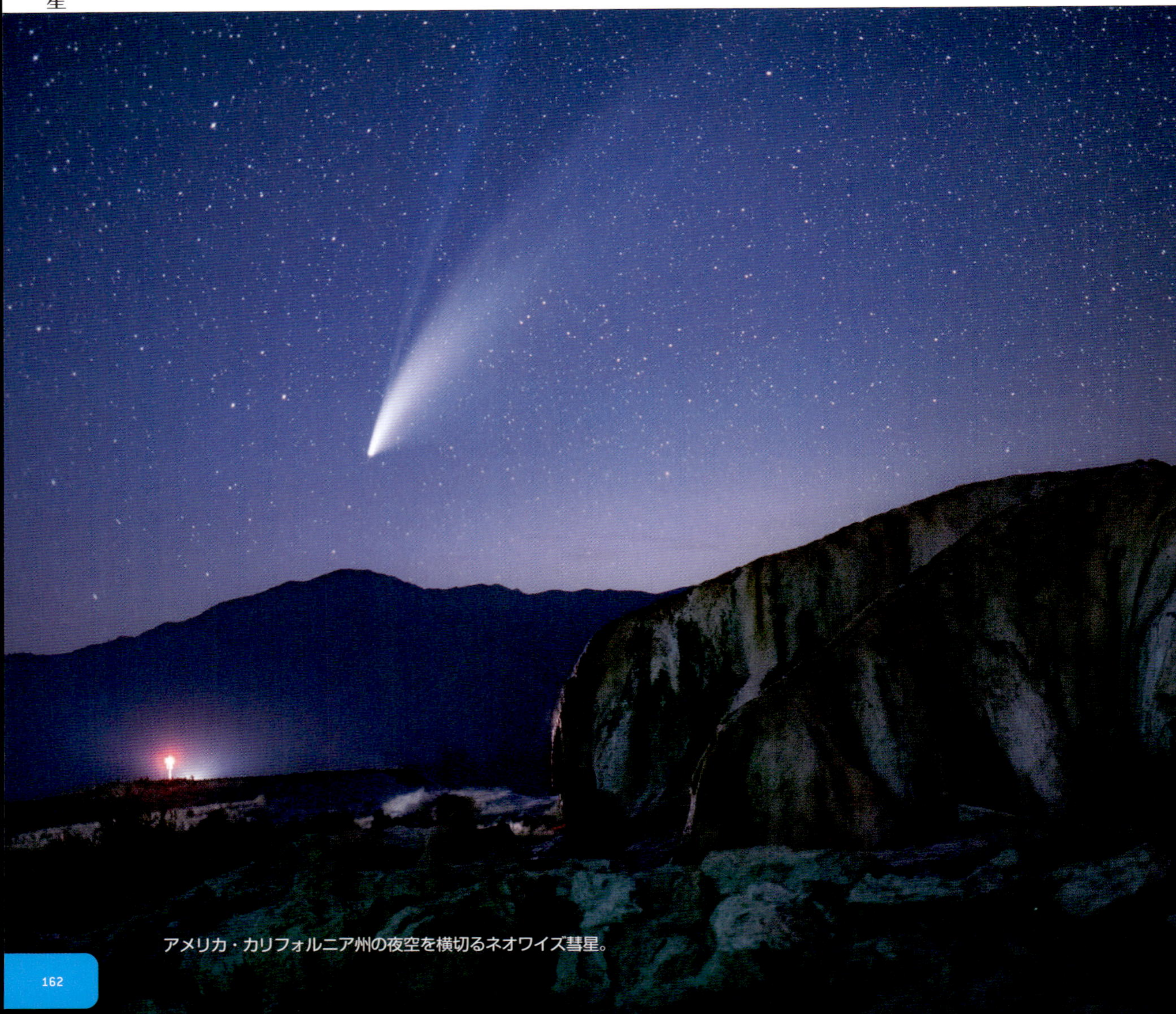

アメリカ・カリフォルニア州の夜空を横切るネオワイズ彗星。

彗星はちり粒子を含む氷からなる小天体で，ほとんどは太陽系に属している。太陽に接近したときだけ「コマ」とよばれる大気層を形成し，非常に長い尾を引くこともある。

彗星の軌道は惑星のそれとは大きくことなり，だ円軌道や放物線軌道に乗っているものが半数を占める。一方，双曲線軌道をえがくものもある。

公転周期の幅も大きく，最も短周期のエンケ彗星は3.3年だが，周期数千～数万年のものも計算されている。また軌道面が大きく傾斜しているものも多く，ハレー彗星のように惑星と逆向きに公転しているものもある。

彗星の本体は「核」とよばれ，平均的な直径は数キロメートルとみられる。彗星は周期のほとんどを核だけの状態ですごし，太陽に近づき，熱であたためられると核の氷が昇華し，ちり粒子を含むコマが形成される。

コマからは太陽とほぼ反対方向に尾がのびる。尾は普通2種類あり，一つは青白い「イオンの尾」，もう一つは黄色みを帯びた「ちりの尾」だ。

百武彗星で観測された彗星本体でおきるバースト現象。彗星の後方からみたようすをえがいた。彗星本体である「核」の太陽に面する側では，太陽熱を受けて表面に含まれる氷の成分が加熱され，「バースト」とよばれる，急激な物質の放出現象がおきる。尾のところどころには，バーストで発生したちりのかたまりがみえる。

太陽系の外からやってきた小天体「オウムアムア」

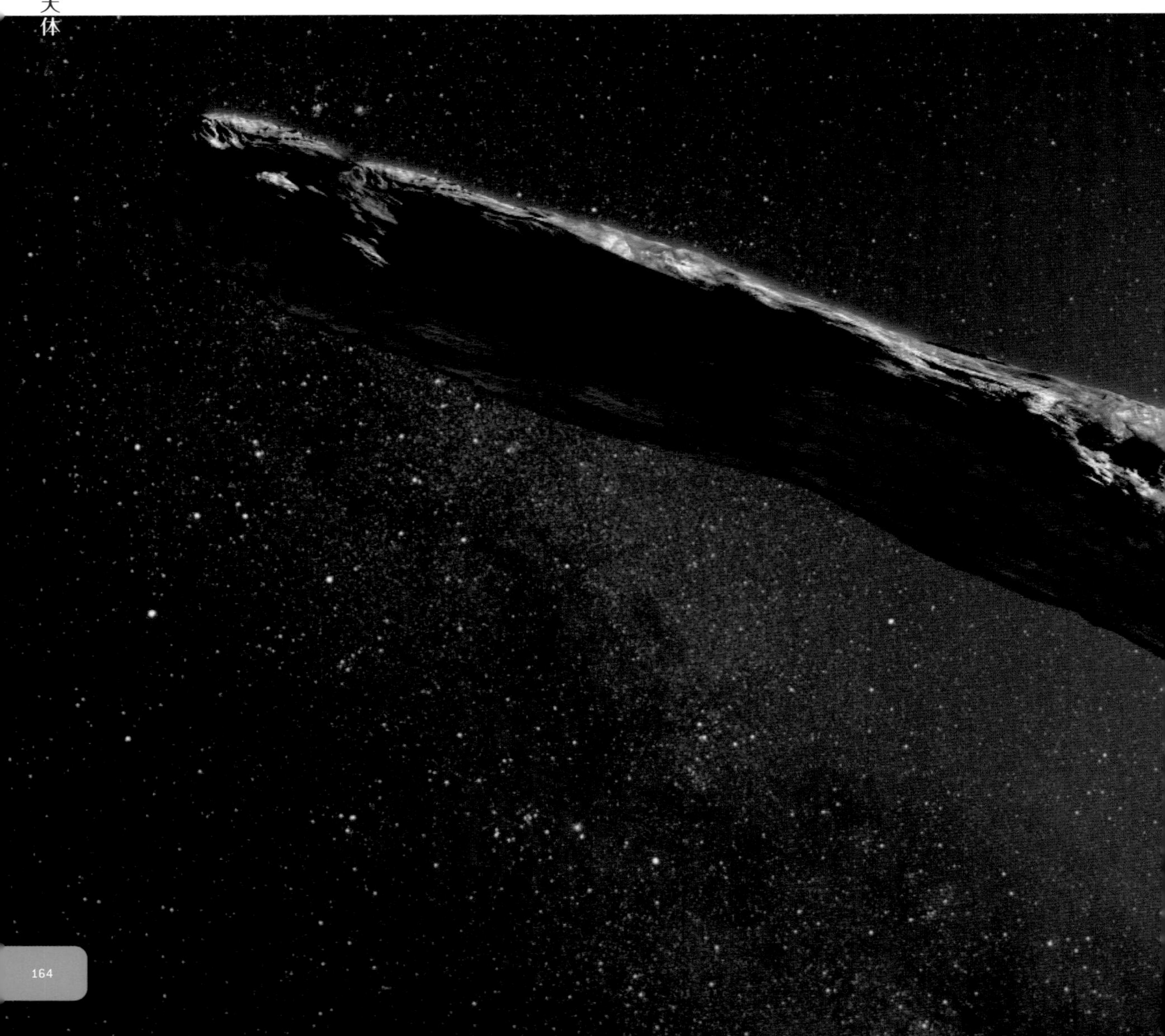

当初は彗星と考えられたものの，観測により別の天体である可能性が浮上した天体がある。2017年10月にハワイのマウイ島で発見された「オウムアムア」だ。

この天体は，当初，彗星ではないかと考えられていたが，彗星特有のコマが確認されなかったため，小惑星とみなされるようになった。その後，複数の観測により，この天体が彗星や小惑星とはことなる，双曲線軌道をえがくことがわかった。オウムアムアは太陽からの脱出速度よりも速い速度で動いており，太陽系の重力に束縛されていない「恒星間天体」であった。望遠鏡による観測では，表面が太陽系外縁天体に似た赤色であることが示されている。

イラストに示すように，オウムアムアは非常に細長い形をしていると考えられる。長さは400メートルほどもあると考えられており，通常，太陽系内で見られる天体とは大きくかけはなれた姿だ。最近では平べったい円盤形という説もあり，同様の天体の発見が待たれる。

オウムアムアのイメージイラスト。オウムアムアは，暗赤色の非常に細長い天体で，長さ約400メートルあり，太陽系で通常見られる天体とは姿が大きくことなると考えられている。偶然太陽系にやってくるまで，何百万年も宇宙を旅していたことがわかった。ハワイの天文台で発見されたため，ハワイ語で遠方からやってきたものを意味するオウムアムアと名づけられた。

SECTION 66

Aurora

オーロラ

太陽風によって生じる大気の発光現象

地球のオーロラ

人工衛星が撮影した画像をもとにえがいた地球のオーロラ。このように宇宙から見ると，地球は磁極を中心とする光の冠をかぶっているように見える。光の冠は「オーロラオーバル」とよばれ，広がったりちぢまったりしている。そしてときどき，オーロラオーバルの真夜中付近（太陽の反対側）の部分が爆発をおこしたように明るく輝く。

オーロラは，プラズマ化した太陽風と大気粒子との衝突による発光現象だ。地球上でオーロラが最もよく見える場所は，北緯（南緯）65～70度のドーナツ状の地域で「オーロラ帯」とよばれている。北半球では，シベリアの北極海側からスカンジナビア半島の北，グリーンランドの南端，ハドソン湾を横断し，カナダの北部からアラスカの真ん中を通っている。南半球にも同じようにオーロラ帯があり，ちょうど南極大陸をぐるりとひとまわりしている。

しかし，オーロラがこのオーロラ帯の全域にわたって常に広がっているわけではない。人工衛星で数万キロメートルの上空から実際のオーロラを撮影すると，磁極に対して同心円状に分布するのではなく，昼側（太陽側）では高緯度，夜側（太陽の反対側）では低緯度にずれた領域にあらわれる。この領域は「オーロラオーバル」とよばれる。オーロラはオーロラオーバルに沿ってあらわれるが，はっきりと明るいオーロラは夜側の真夜中の位置あたりに多く発生する。

オーロラを発生させているのは，太陽から届く原子と電子がバラバラになってプラズマ化した太陽風である。太陽風は地球の磁場を回りこむように，磁力線に沿って地球に進入し極地方に集まる。そこで高層大気の中の酸素や窒素と衝突すると赤や緑に輝く。

SECTION
67

雷雲から宇宙に向かって飛びだす放電現象

Sprite

スプライト

チリのアンデス山中にあるアタカマ砂漠上空で観測されたレッドスプライト。雷雨の稲妻の影響で生じるかすかな現象で，その発光はきわめて短い。

オーロラや雷と同じく，地球の上空でおきる発光現象に「スプライト」がある。スプライトは宇宙に向かって赤い光が放たれるもので，高度40～90キロメートルあたりにあらわれる。発生メカニズムはまだ明らかではないが，雷によってもたらされる発光現象だと考えられている（下のイラスト）。日本の日本海側では，冬によく雷が発生するが，雷を観測する際にスプライトも観測されることが多い。

スプライトは，高度約400キロメートル付近に存在する国際宇宙ステーション（ISS）からも撮影されている（下の写真）。雷が発生して白く光った雲の上空で発生していることがわかる。

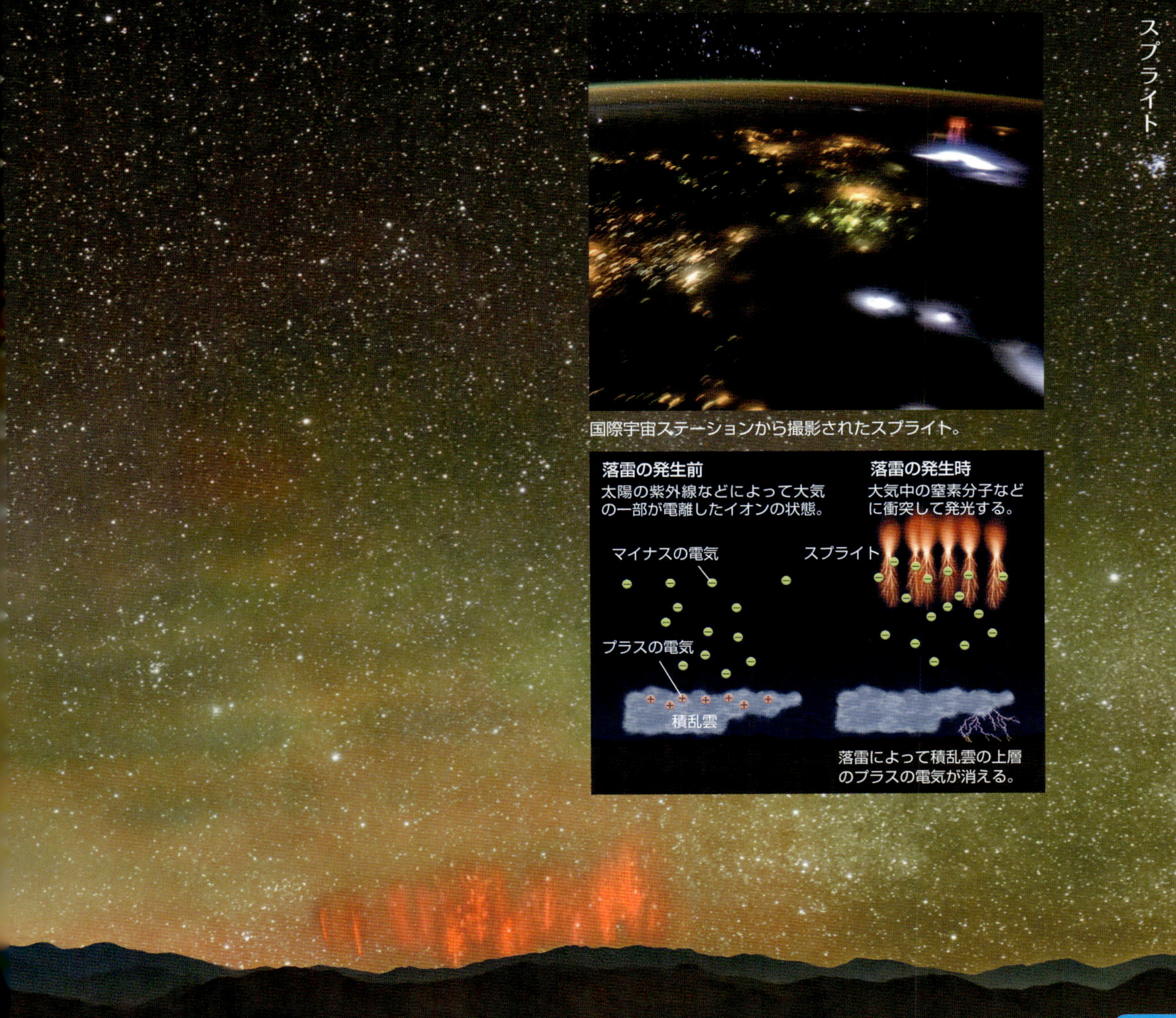
落雷の発生前
太陽の紫外線などによって大気の一部が電離したイオンの状態。
落雷の発生時
大気中の窒素分子などに衝突して発光する。
マイナスの電気
スプライト
プラスの電気
積乱雲
落雷によって積乱雲の上層のプラスの電気が消える。

国際宇宙ステーションから撮影されたスプライト。

COLUMN

月面に浮かび上がる「X」の文字

月面には，海とよばれる平原とともに，無数のクレーターが存在している。その凹んだ地形は，太陽の光を受けると影をつくる。

2004年8月，クレーターの影の中に不思議な形が発見された。カナダのあるアマチュア天文家が，地域の天体観望会の準備中にたまたま「X」（右ページ画像の白い丸で囲んだ部分）の文字が見えることに気づいたのだ。そのことを天文雑誌やインターネットで報告したことから，注目を集めるようになった。「月面X」と称されるこの文字はまったく偶然の産物で，この周囲にあるブランキヌス，プールバッハ，ラカイユという三つのクレーターの壁に光が当たることでつくりだされた影の造形物だったのだ。

しかも，それは頻繁に観察できることではない。月の満ち欠けの周期である約30日の間に，1～2時間ほどしか見ることができないのだ。月は地球にいつも同じ面を向けているのだが，詳細に観察すると，クレーターがつくる影は微妙にちがう。それは，月の自転軸が月の軌道面に対して6.6°傾いていることによる。そのため，三つのクレーターに差しこむ太陽からの光は変化してしまい，くっきりと「X」が見えるときと形が崩れてしまうときがあるのだ。

なお，「月面X」を見ようと思っても，残念ながら肉眼や双眼鏡では見ることはできない。月面とはいえ，「X」ほどの小さな影を見ようとすれば，月面がはっきりと見える20倍以上の望遠鏡が必要となる。

「月面X」の観測スケジュール

2025年と2026年で「月面X」が観測できる日時を右に示した。

2025年		2026年	
4月5日	（22時前後）	2月24日	（17時前後）
8月1日	（20時前後）	4月24日	（20時半前後）
9月29日	（18時前後）	6月22日	（19時半前後）
11月27日	（20時前後）	12月16日	（19時前後）

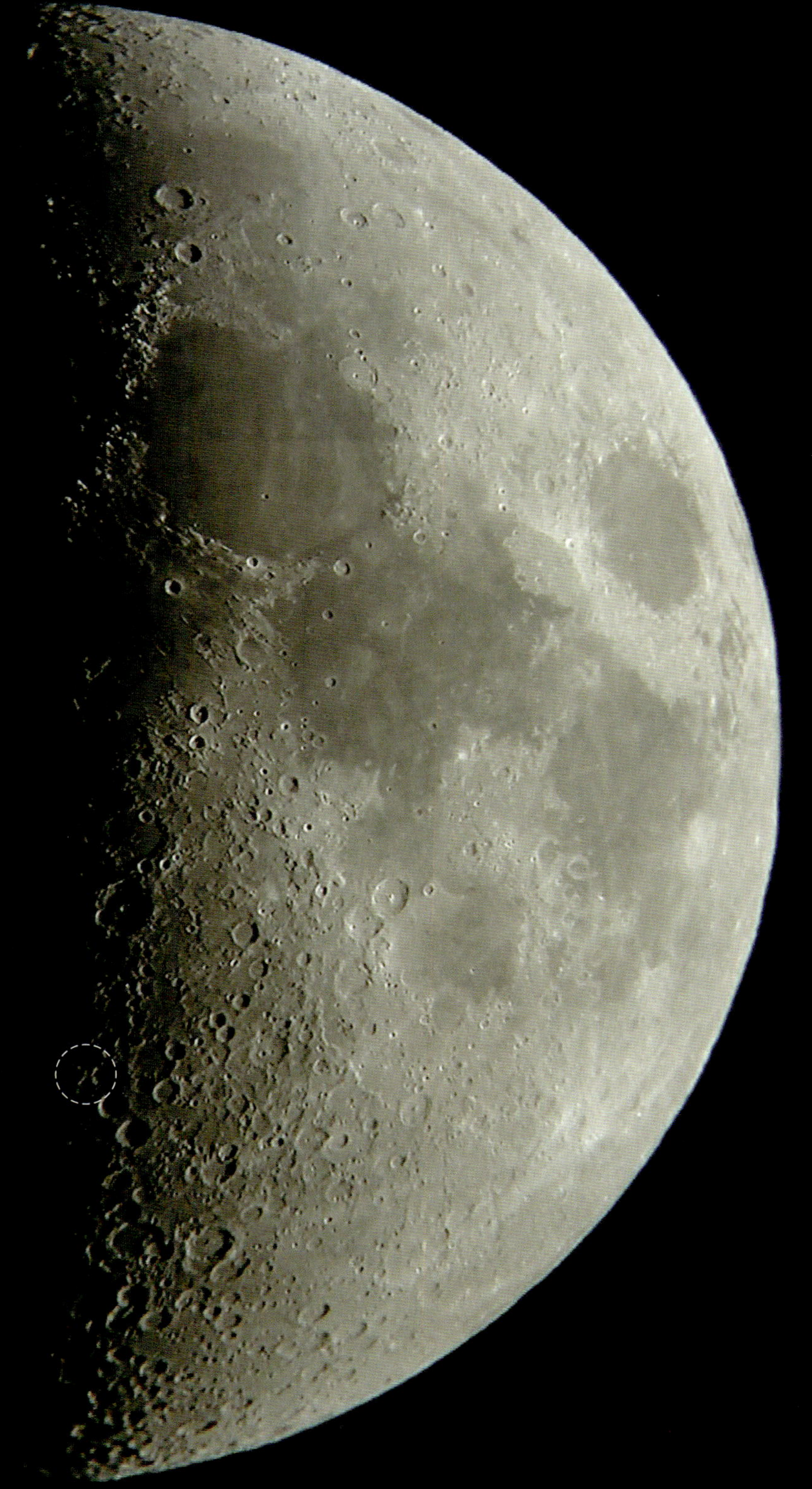

月面に浮かぶ「X」

5
星空観測ガイド
Stargazing guide

都会の夜空でも星や惑星を観察できる

星空をじっくり堪能するには，街灯の明かりが少ない郊外に出向かないとむずかしいと考える人もいることだろう。確かに，都会は人工灯火が多く，それが星を見えづらくしている。また，光は大気中の粒子や分子に反射されて目に届く。そのため，車の排気ガスや工場や商店などからのさまざまの煙が多い都会の空は，天体が見えにくい環境といえる。しかし，くふうをすれば，都会に住んでいても天体観測を楽しむことができる。

観測場所のすぐそばに明るい人工灯火があると，空が照らされて白っぽく見え，天体が見づらくなるため，まずは街灯や自動車のヘッドライトなどの人工灯火が少ないところで，夜空を見上げてみよう。余計な灯火は，手のひらを眼のまわりにかざして見えないようにすることで，かなり減らすこともできる。ヘッドライトのように，動く人工灯火があると，空が一瞬照らされてしまったりして，じっくり天体を見ることがむずかしくなるので，車のヘッドライトには十分な用心が欠かせない。

月はほかの天体よりも桁違いに明るいため，都会でも観測がしやすい天体だ。満月や半月，三日月など，月の満ち欠けの変化を楽しむのも面白い。ただし，月が出ているときは，その明るさで周囲の暗い天体が見づらくなるため注意が必要だ。とりわけ満月前後には，空に明るい月が一晩中出ているので，事前に月の満ち欠けの情報を調べておくとよいだろう。月以外の星を見ようとしたら，新月の時期が最も見やすいということは覚えておこう。

太陽系の惑星の中でも，とくに金星は観測しやすい。明るさがマイナス3～4等ほどで，明るい恒星として知られる冬の大三角の一角シリウス（マイナス1.5等）よりも明るいのだ。また，木星や火星も，恒星と同じくらい輝いて見えることがある。特に木星はシリウスと同等の明るさで見える。太陽系の惑星は地球との相対的な距離が変化するので，最も近づくのはいつか調べておくと，明るさの変化にも気づきやすい。惑星にはそれぞれ特徴的な色※があるため，見つけたらじっくり観察してみるのも面白いだろう。

※：金星は白，火星は赤味がかった色，木星と土星は黄色。

東京のような都会でも，雲でおおわれていないかぎり，1～3等星くらいまでの星は見ることができる。写真は東京の夜空である。中央よりやや左に大きな月が輝いている。ビルの上空に見える明るい星は木星で，その右上には，おうし座の1等星アルデバランが見える。写真の左上には，ぎょしゃ座の1等星カペラが見えている。

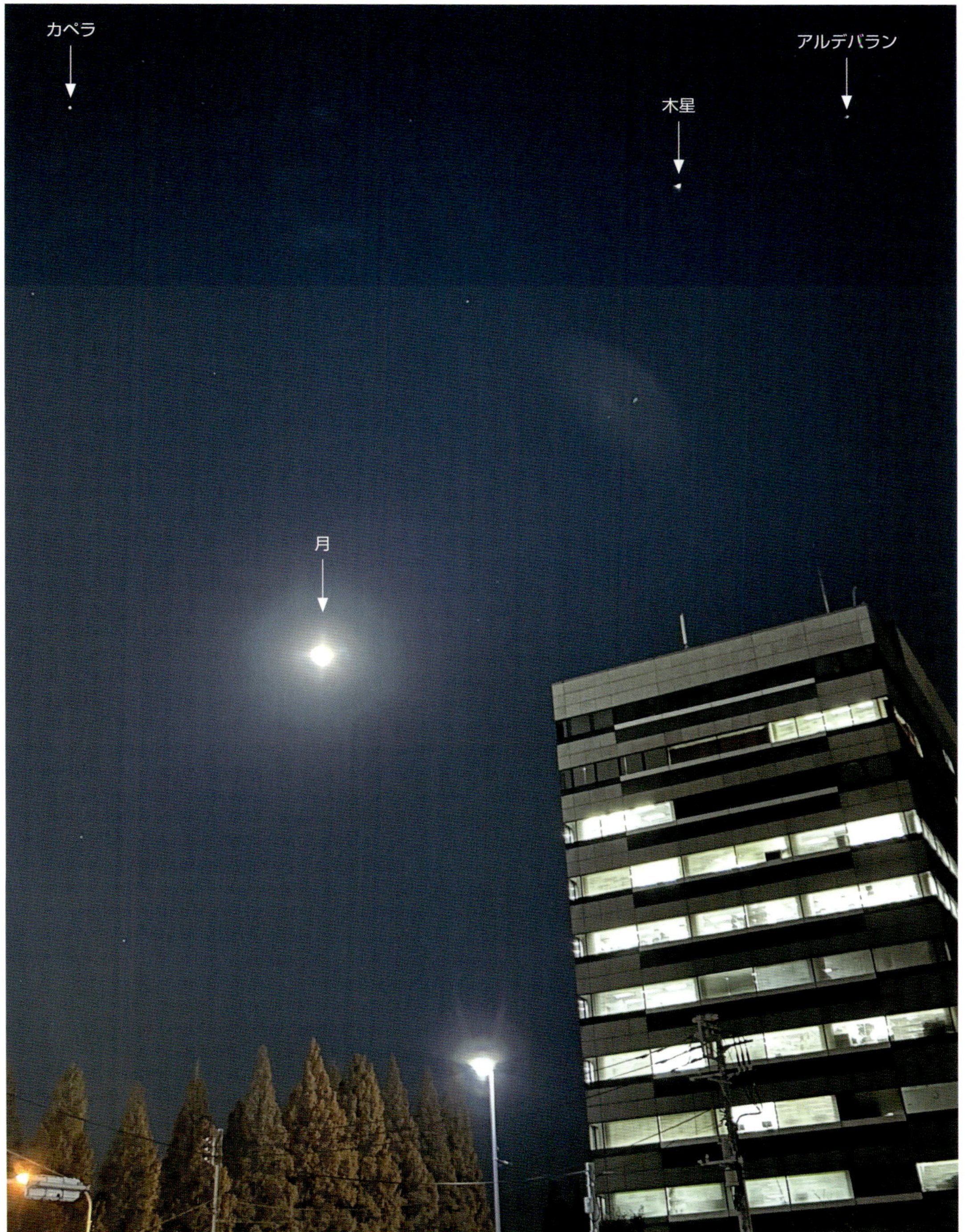

スマホのアプリも観測に活用してみよう

星空を手軽に観察する第一の方法は，肉眼での観察だ。都会の空でも，目をこらせばかなりの数の星を眺めることができる。

夜空を見上げて星を見ていると，その星の名前や，どのような星座に属しているのかなど，知りたくなったことはないだろうか。また，昼の空を見て，夜にはあの場所にどんな星があるのだろう，などと思うこともあるだろう。そんなとき，スマートフォンなどのデバイスを空に向けるだけで天体を識別できる，便利なアプリが大いに役立つ。

たとえばiPhoneならApp Store，AndroidならGoogle Playで「天体観測」などと検索すると，たくさんのアプリを見つけることができる。アプリによって搭載されている機能はさまざまなので，その中から自分が使いやすそうなものを選ぶとよいだろう。どれもスマートフォンからダウンロードすることができる。星の名前や星座名を調べるといった基本的な使用であれば，数百円程度で利用することができるだろう。

天体観測のアプリ（イメージ）

見上げた夜空の星々がどのような星座に属しているのかを知りたいとき，スマートフォンのアプリは大いに役立つ。右ページのスマートフォン上に表示されているのはしし座（Leo）だ。

Leo

COLUMN

星空観測に役立つ星座早見盤

星や星座を探すときに，1枚持っておくと便利なのが「星座早見盤」だ。日本では1907年に，日本天文学会が監修した星座早見盤（初代）が発売された。その後，1958年に大改訂されたものが，現在使われる星座早見盤のもととなっている。

星座早見盤は2枚の円盤が重なってできており，上の円盤には方角や時刻，下の円盤には日付や星，星座などがしるされている。ここでは，4月1日午後7時（19時）の星空を星座早見盤を使って調べる方法を紹介しよう。

星座早見盤（写真）。天空の星々を調べるためのものなので，月や太陽系の惑星は記載されていない。

①

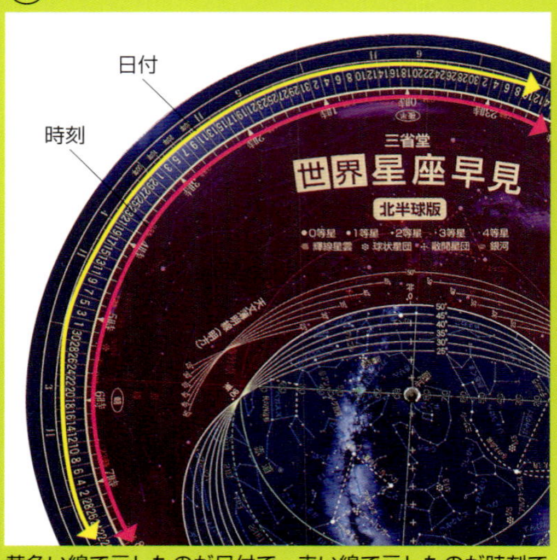

黄色い線で示したのが日付で，赤い線で示したのが時刻である。

②

4月1日はどこにあるか探そう（青丸で表示）。

写真の星座早見盤：『三省堂 世界星座早見』 日本天文学会 編　三省堂

③

つぎに午後７時（19 時）を探そう。

④

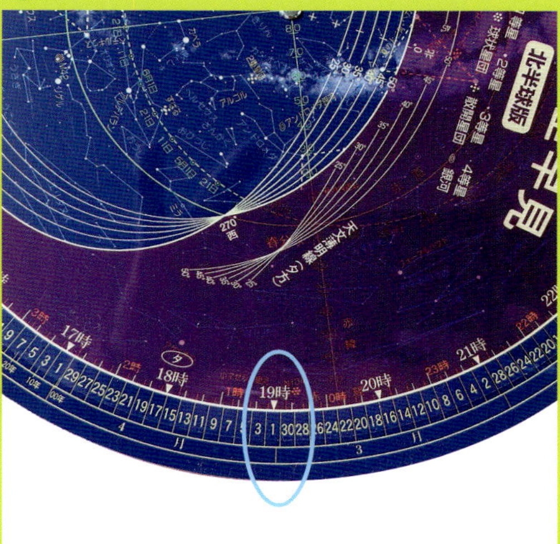

月日と時刻の目盛りを合わせよう。

⑤

そのときに円盤の透明部に見えているのが見ようとする星空だ。星空を見上げるところの緯度によって見える範囲が違うので，観測地点の緯度（青丸で表示。東京なら 36 度≒ 35 度）に沿った範囲を見てみよう。

⑥

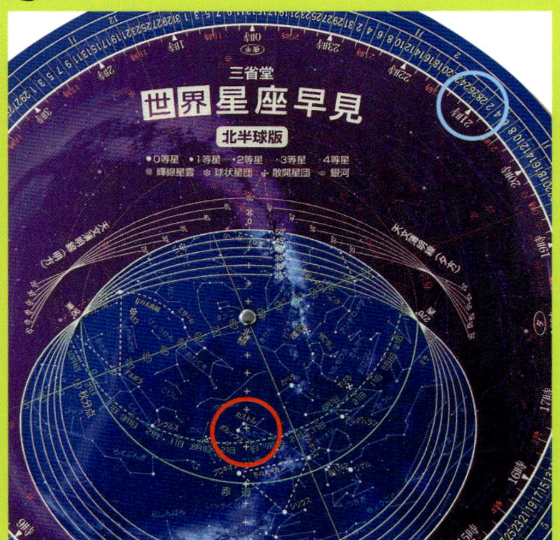

星座を探す場合には，北極と南をつなぐ線上に星座を置き，見たい時刻を探せばよい。たとえば，ふたご座（赤丸）を午後９時（21 時）に見ようとしたら，２月 28 日ごろが見ごろとわかる（青丸で表示）。

肉眼では見えない 7～8等星も見える

肉眼よりもっと精細な夜空を楽しみたい場合には，双眼鏡が便利だ。レンズの口径が大きくて倍率の高い天体望遠鏡にはおよばないものの，手持ちで使える小型の双眼鏡は，両眼の性能を簡単に向上させることができる。

肉眼で見た星空を双眼鏡で見ると，見える星の数が格段に増えることにおどろくだろう。都会の夜空では1～3等までの星がちらほら見える程度だったものが，より暗い4～6等星まで見えてくるのだ。光が観測の邪魔をしない郊外や高原などでは，さらに暗い7～8等星まで見えるようになる。

双眼鏡には，スポーツ観戦やバードウォッチングなどにも使える汎用性のあるものに加え，天体観測に特化したものがあり，後者は広い視野で星座や天の川，星と星雲星団との位置関係などが観察できる。暗い星空を見やすくするようなくふうがほどこされており，防水性や耐久性も高く，屋外での使用に適している。また，像がぶれないように，三脚アダプターを装備しているタイプもある。

軽量で携帯性にすぐれた天体観測用の双眼鏡は，一般的な双眼鏡にくらべてレンズ口径が大きく，重量があるのが難点だ。しかし，望遠鏡よりは小型で持ち運びがしやすく，あつかいやすい。また，視野が広く，正立像になるので，天体や星座をより広範囲に観察できるという点も魅力的だ。

しかし，双眼鏡による天体観測には限界があるのも事実だ。遠くの暗い天体の観察においては，望遠鏡に引けを取る。また，高倍率の双眼鏡を手持ちで使用すると，手ブレが観測の邪魔をしてしまうだろう。比較的観測条件を選ばない，月は，双眼鏡で見る格好の対象といえるだろう。

天体観測に適した双眼鏡とは

星を見るのに適した双眼鏡は，一般に，倍率が6～8倍で，対物レンズの口径が30～40ミリメートルくらいのものがよいとされている。対物レンズの口径が同じならば倍率が小さいほうが明るく見えるので，星空を見るには口径が大きくて倍率が低い機種が適している。観測の際は視界（見える範囲）を把握することも大切だ。腕を前に伸ばしたときの握りこぶしの幅が約10度で，満月の大きさは0.5度くらいである。一般的な双眼鏡の場合，実視界は5～10度くらいだ。

下のシミュレーションイラストは，同じ双眼鏡を使って都会の住宅街の明るい空（左）と山間部の暗い空（右）で見え方を比較したものだ。見ている領域はさそり座で，二つの散開星団が入っている。

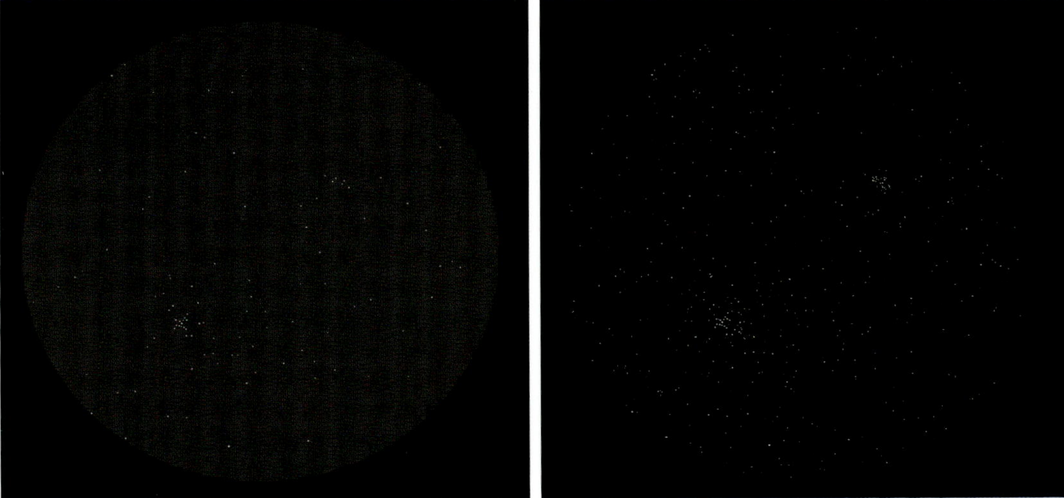

双眼鏡で見た月の写真。クレーターや月面の模様がよくわかる。

天体観測で汎用される「プリズム双眼鏡」

双眼鏡は，構造上，「ガリレイ双眼鏡」と「プリズム双眼鏡」に大きく分けられる。

ガリレイ双眼鏡とは，イタリアの科学者ガリレオ・ガリレイ（1564～1642）が，1609年にはじめて天体観測に使ったといわれる望遠鏡と同じ構造をもつ双眼鏡をさす。凸レンズ（対物レンズ）と凹レンズ（接眼レンズ）で構成されており，像は正立像だ。プリズムがないため小型・軽量化できるが，倍率は最大でも4倍程度で，視野は狭い。視野周辺もボケる傾向がある。観劇で使用されるオペラグラスなどはこのタイプの双眼鏡だ。

これに対し，一般によく見られるのがプリズム双眼鏡だ。プリズム双眼鏡は，その名のとおり，光の通り道にプリズムが使われている。そのプリズムには，「ポロプリズム」と「ダハプリズム」の二種類がある。

像を正立にする「ポロプリズム双眼鏡」

ポロプリズム双眼鏡は，プリズム4個（左右2個ずつ）で像を正立にする双眼鏡である。19世紀の中頃にイタリア人のポロという人物によって発明されたもので，プリズム双眼鏡としては最も古いものだ。ポロプリズムとは，双眼鏡本来の機能を重視したプリズムで，光学系にすぐれている。ボディはやや大きめだ。風景や天体の観察に適しているとされている。同じポロプリズムでも，通称「ミニポロ」とよばれる小型の双眼鏡もあるが，接眼レンズの口径が小さく天体観察には向いていない。

光が直進する「ダハプリズム双眼鏡」

ダハプリズムのダハは，ドイツ語で「屋根」という意味だ。プリズムの一部分が屋根のような形をしているところから，この名がついた。光の入り口と出口が直線となっているため，同口径であれば鏡筒をスリムにすることができる。ただし内部の光学構造が複雑なため，ポロプリズムよりも一般的に高額だ。

性能に特化した双眼鏡としては，大きな対物レンズを採用した「大口径双眼鏡」がある。すぐれた集光力をそなえており，暗い星や淡い星雲などを明るく鮮明に見ることができる。大口径双眼鏡は，ポロプリズム双眼鏡とダハプリズム双眼鏡のいずれのタイプでも製造されている。

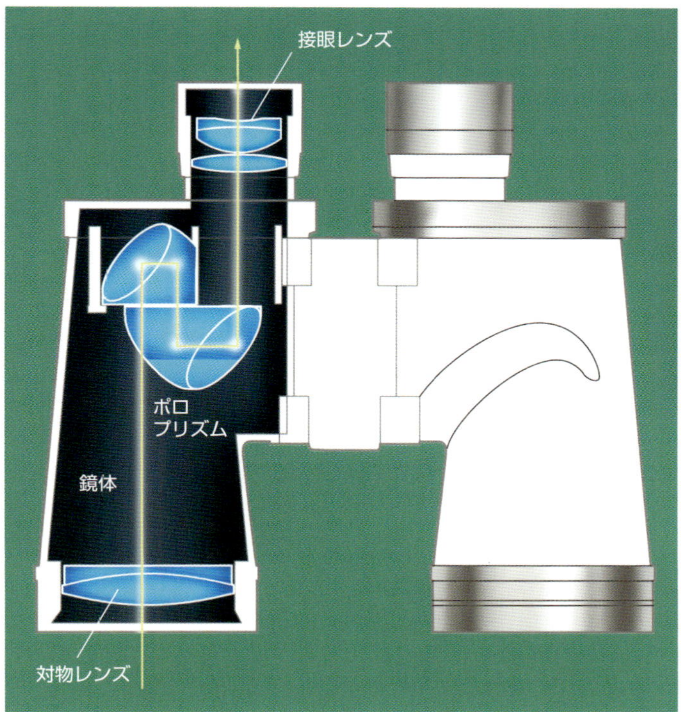

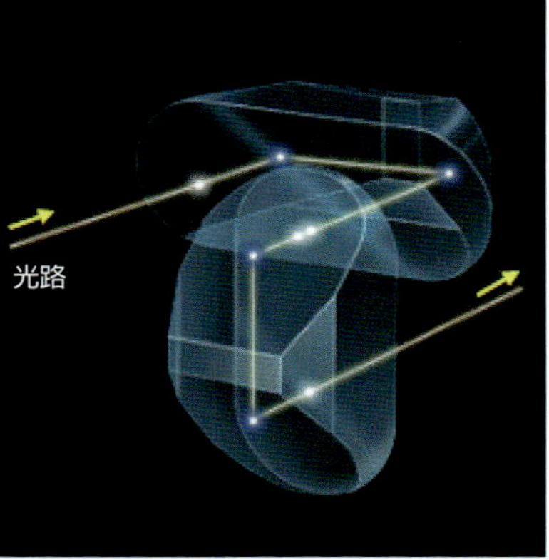

ポロプリズムのしくみ
プリズムの構造上，光が横に反射するため，横幅が大きくなる。

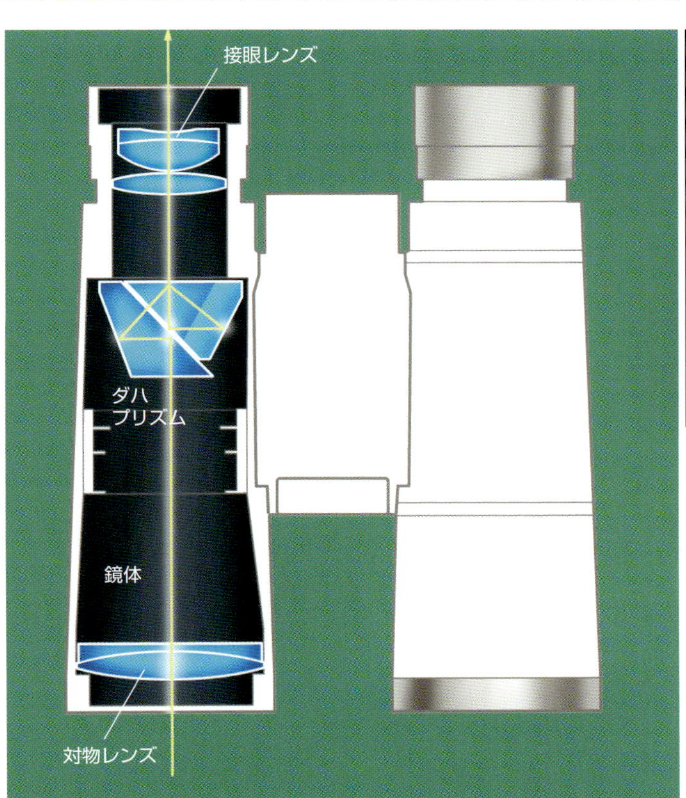

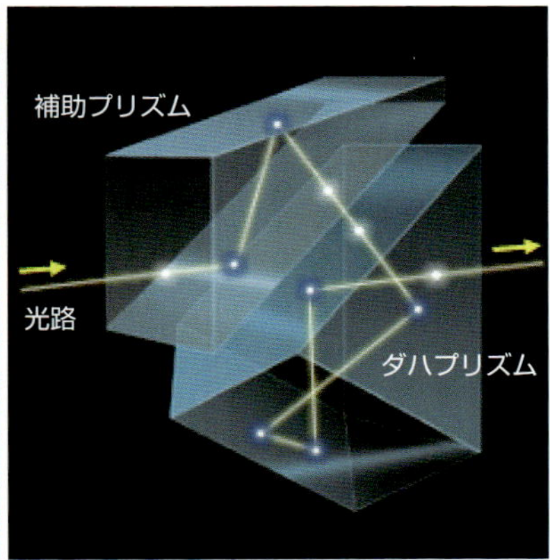

ダハプリズムのしくみ
光がまっすぐに進むため，鏡筒をスリムにすることができる。性能はポロプリズム双眼鏡とほぼ同じである。

望遠鏡なら，木星や土星の縞模様や環も見える

天体を最も精細に見る方法は，望遠鏡を使うことだ。肉眼や双眼鏡では見ることがむずかしい，木星の縞模様や土星のリング，火星の極冠といったものまで観測することができる。

木星には「ガリレオ衛星」とよばれる四つの衛星があり，望遠鏡を使うとこれらの衛星を見ることができる。約80倍の倍率では，木星本体の縞模様が見える。さらに気流の状況がよいときに約140倍まで倍率を上げると，縞模様の細部や巨大な渦（大赤斑）までよく見えるようになる。

土星は倍率が50～100倍程度の望遠鏡であれば，その特徴的なリングを見ることができる。大気の状態がよければ，約140倍の倍率でも土星本体の縞模様やリングの濃淡，二つのリングの隙間（カッシーニの隙間）が確認できる。

金星は濃硫酸の濃い雲におおわれており，その雲が「スーパーローテーション」とよばれる強風に流されているため，望遠鏡を使っても表面のようすをくわしく見ることはむずかしい。金星は月のように満ち欠けするため，1か月間隔で観察すると形の変化を楽しむことができる。

火星では，極地方で氷と二酸化炭素が氷結してできた極冠の季節による変化の具合を見ることができる。

全国各地の天文台の中には，ふだん研究に用いられている大きな望遠鏡を一般向けに公開しているところも多い（198～199ページでくわしく）。星雲や星団といった，太陽系外のはるか彼方の天体まで見ることができるので，機会があればぜひ訪れてみよう。

天体観測に適した望遠鏡とは

天体望遠鏡は集められる光が多いほど，より多くの天体を見ることができる。人間の瞳孔は約7ミリメートルなので，肉眼では6等星までの天体（約9000個）が見える。これに対して口径70ミリメートルの望遠鏡だと面積が約100倍，つまり肉眼の100倍の明るさまで見ることができ，11等星までの天体（約141万個）が見えることになる。

一般に使われている天体望遠鏡の視野は，月1個分くらいの範囲でしかない。そのため，望遠鏡を見たい天体に向けるために，望遠鏡をしっかり固定できる架台や三脚が必要だ。架台には上下左右に動く「経緯台」と，天体の動きを追いかけやすい「赤道儀（188ページ参照）」がある。

望遠鏡で観測した木星（上）と土星（下）。木星には，特徴的な縞模様と，そばをまわる衛星が見えている。土星では，２本のリングとそれらの隙間もはっきり見える。

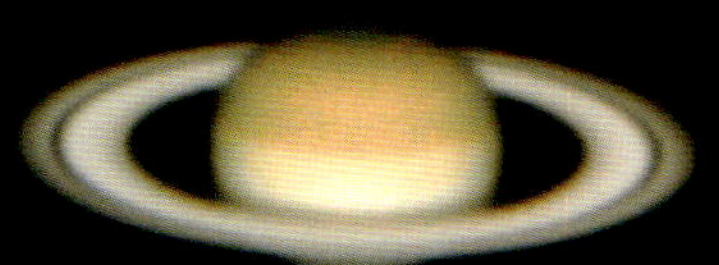

ガリレオの「屈折式」ニュートンの「反射式」

一般向けに市販されている天体望遠鏡は，天体が発する光（可視光領域）を集めて観測する光学顕微鏡で，「屈折式望遠鏡」と「反射式望遠鏡」に大きく分けられる。

屈折式望遠鏡はガリレオ・ガリレイ（1564～1642）によって考案されたもので，対物レンズ（凸レンズ）を通った光を接眼レンズで拡大することにより観測を行う。接眼レンズに凹レンズを使ったものが「ガリレオ式」，凸レンズを使ったものが「ケプラー式（右の図）」とよばれている。ガリレオ式は視野が狭く，倍率も2～3倍程度と低い。一方，ケプラー式は倒立像になるものの，視野が広く，高倍率で使うことが可能だ。現在市販されている屈折式望遠鏡は，ほぼすべてケプラー式である。

一方，反射式望遠鏡はアイザック・ニュートン（1642～1727）により考案されたもので，「主鏡」という凹面鏡で反射した光を接眼レンズで拡大するものだ。鏡による表面反射なので，厚みをそれほどふやさずに口径の大きな望遠鏡をつくることができる。

反射式望遠鏡では，主鏡で光を反射させたあと，さらに別の鏡（副鏡）を用いて鏡筒内で光を反射させる過程をへて像が得られる（右の図）。副鏡による反射のしかたにはいくつかの種類があり，代表的なものに「ニュートン式」と「カセグレン式」がある（右の図）。ニュートン式では，主鏡からの反射光を45°に傾いた副鏡（斜鏡）で反射させ，接眼レンズで像を拡大する。接眼レンズは鏡筒についているため，望遠鏡を横からのぞく形になる。一般向けに市販されている反射望遠鏡の大半は，このニュートン式だ。

カセグレン式は，ニュートン式の斜鏡のかわりに凸面鏡を使って，主鏡の真ん中から像を取りだす方式である。接眼レンズは主鏡側についているため，望遠鏡を自然な姿勢でのぞきこむことが可能だ。カセグレン式の反射望遠鏡は，天文台に設置されている研究用の望遠鏡に使われることが多いが，そのあつかいやすさや性能の高さなどから，アマチュア天文家にも人気が高い。

屈折式望遠鏡と反射式望遠鏡

光学望遠鏡は大きく「屈折式望遠鏡」と「反射式望遠鏡」に分けられる（右の図）。屈折式は，対物レンズを用いて集光したのちに，接眼レンズで拡大して像を見る（上）。一方，反射式は，鏡（主鏡と副鏡）で反射させた光を集め，接眼レンズで拡大する点が屈折式とはことなる（中，下）。反射式にはニュートン式やカセグレン式などいくつかの種類がある。

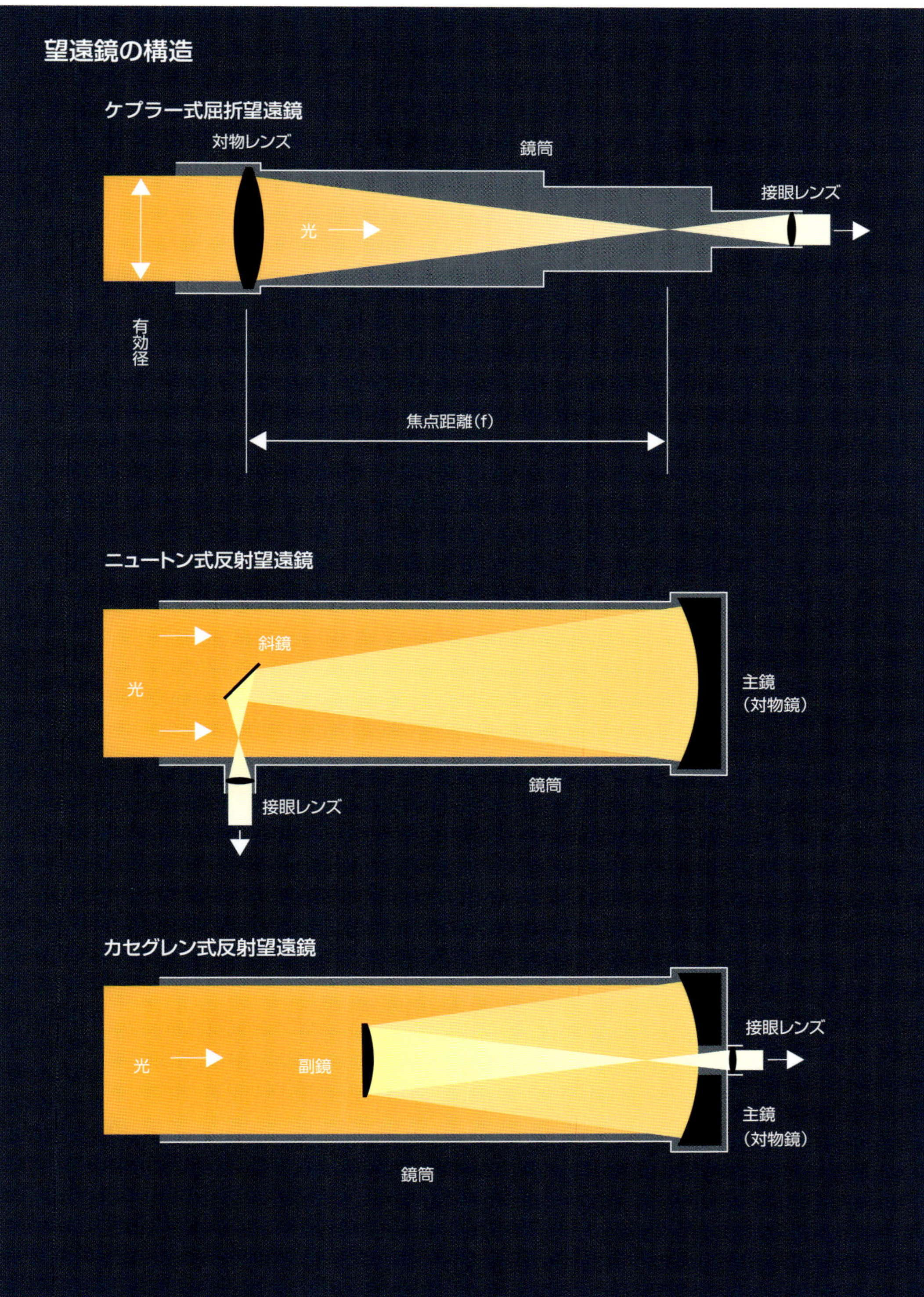
望遠鏡の構造
ケプラー式屈折望遠鏡
対物レンズ
鏡筒
接眼レンズ
光
有効径
焦点距離(f)
ニュートン式反射望遠鏡
斜鏡
光
主鏡
(対物鏡)
鏡筒
接眼レンズ
カセグレン式反射望遠鏡
接眼レンズ
光
副鏡
主鏡
(対物鏡)
鏡筒

天体の姿を美しく撮影するのに役立つ「赤道儀」

天体の写真を撮影しようと思ったら，まず何を準備すればよいのだろうか。必要なものはシンプルで，カメラと三脚があればよい。夜空をできるだけ広く撮影したい場合には，広角レンズ（焦点距離24ミリメートル以下が望ましい）を用意するとよい。広範囲を1枚の画像に収められるので，星座全体の形を写せたり，周囲の風景も一緒に撮影したりできる。撮影する際は，月明かりのない時期（新月の前後2週間頃が望ましい）や，街灯などの人工灯火が少ない場所を選ぶことが大切だ。シャッターを切るときはリモコンやタイマーを使うと便利だろう。たくさん撮影すると，だんだんコツがつかめてくる。

星空の撮影に慣れてきたら，次は，星の動き（軌跡）を撮ってみよう。この場合，長時間シャッターをあけっぱなしにしておくので，カメラをしっかり固定できる三脚が必要だ。三脚に振動をあたえないよう，動作には気を配りたい。

なるべく明かりの少ない郊外で撮影し，カメラのISO感度（集光能力）は200程度，絞りはF2～5.6くらいに設定するとよいだろう。シャッターをあけておく時間によって，星がえがく光跡が変わるので，好みの光跡を見つけるのも楽しい。

あらわれては瞬時に消えてしまう流れ星を撮影する際は，どのようなことに気をつけるとよいか，注意点をみていこう。流れ星はどこにあらわれるかわからないので，まずは広角レンズを使うとよい。ISO感度はできるだけ高く設定し（6400～12800程度），絞りはなるべく明るくして（F4以下），シャッタースピードは10秒以上で連写できるよう設定するのがよいだろう。

次に，望遠鏡にカメラをセットして，写真を撮る。まずはスマートフォンで試してみよう。望遠鏡の接眼レンズにスマホのレンズを動かないようセットすればよく，何度か練習すれば簡単に撮影することができる。

スマホでの撮影に慣れたら，今度は本格的なカメラでの撮影に挑戦してみよう。ここで必要になるのが赤道儀式の三脚（下の写真）とモーターだ。そのための電源も忘れてはいけない。星の動きに合わせて，カメラをセットした望遠鏡を一緒に動かす必要がある。三脚に据えつけられた赤道儀を北極星の方向に合わせ，真ん中に北極星が見えれば準備完了である。カメラを振動させないよう，シャッターはリモコンを使って撮影する。

天体写真は，少しくふうするとより美しく撮影することが可能になる。機会をみつけてぜひチャレンジしてみよう。

赤道儀式三脚を取りつけた望遠鏡（写真）。ビクセン社提供

月明かりに照らされた富士山の横を流れるふたご座流星群の明るい流星。写真：佐藤幹哉（国立天文台）

望遠鏡を遠隔操作しスマホで観測，撮影する

天体の観測を行う場合，通常は屋外に出て望遠鏡やカメラを設置し，細かい設定をして……という工程をふむことになるだろう。寒い屋外に長時間いなければならなかったり，天体観測に不慣れな初心者が望遠鏡を使おうとすると，設定の複雑さや撮影のタイミングなどがむずかしく，戸惑ったりすることもあるかもしれない。

最近，天文観測をより便利に，手軽に楽しむためのツールがいろいろと開発されている。たとえば，アストロアーツ社から発売されている「ステラショット」は，望遠鏡とカメラをパソコンで制御し，天体写真を撮影するソフトウェアだ。これを使うと，望遠鏡を屋外に置いた状態で，観測と写真撮影は暖かい室内で行うといったことも可能になる。撮影した画像を美しく仕上げるための「ステライメージ」という画像処理ソフトも同社からは発売されている。これらのソフトが必要な機能のみにしぼられたライト版は，初心者には使いやすいだろう。

望遠鏡も，手軽に使用できるものが開発されている。ピクセン社から発売されている「Seestar S50」という望遠鏡は，複雑な機材や予備知識がなくても本格的な天体撮影を楽しむことができる次世代型の望遠鏡だ。スマートフォンのアプリ「Seestar」を用いて観測・撮影を行うもので，望遠鏡とつなぐための配線は一切不要だ。必要な電力は望遠鏡に充電するだけでよい。望遠鏡本体は2.5キログラムと軽いため，どこへでも持ち運びできる。

さまざまなフィルターが内蔵されており，月や惑星のみならず，星雲や星団，銀河の精細な姿を撮影することが可能だ。通常，望遠鏡では直接見られない太陽も，フィルターを用いて観察することができる。また，日中は普通のカメラとしても使えるので，風景撮影やバードウォッチングにも活用できる。

天体観測が楽しくなってきたら，このような便利なツールを使ってみるのもよいかもしれない。

次世代望遠鏡「Seestar S50」

ピクセン社から発売されている望遠鏡「Seestar S50」と，Seestar S50による撮影画像を右ページに示した。この望遠鏡を使えば，星雲や太陽の微細構造まで美しく撮影することができる。なお，さらに使いやすくした廉価版「Seestar S30」も発売されている。

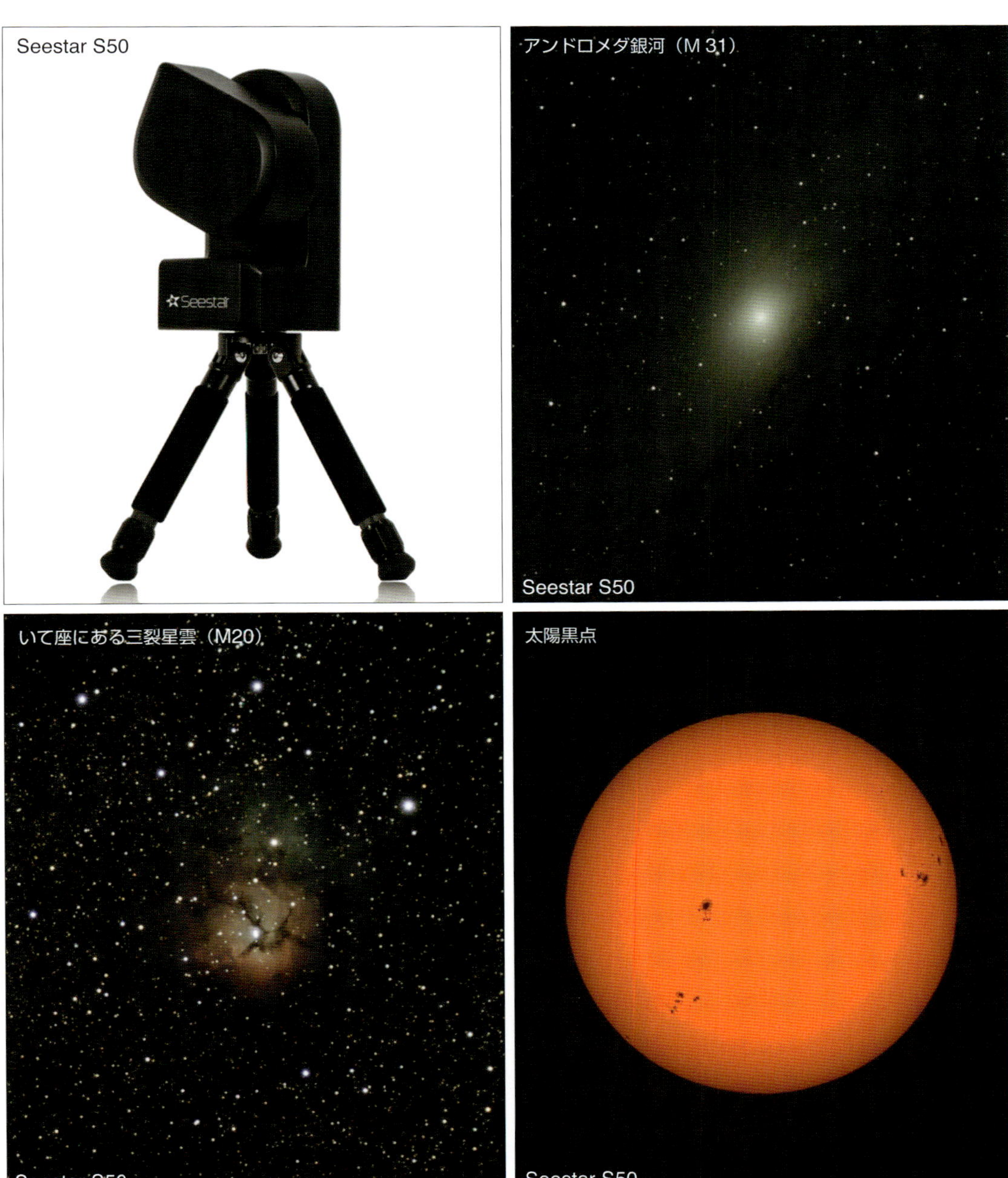
Seestar S50
Seestar
アンドロメダ銀河（M 31）
Seestar S50
いて座にある三裂星雲（M20）
Seestar S50
太陽黒点
Seestar S50

日本の各地にある星空観測の名所

身近な場所で星空観測を楽しんだら，美しい星空を満喫できる観測スポットに出かけてみるのもよいだろう。このページには，星空の名所として知られる日本各地の観測スポットをまとめた。もちろん，これ以外にも多くの場所がある。長野県の野辺山高原と岡山県井原市美星町，沖縄県の石垣島は，天文学者が選んだ“星空ベスト3（日本三選星名所）”にも選ばれている。星空を見るときには，夜，それもなるべく暗いところが適している。標高が高い場所は，夏でも気温が低い。安全と防寒には十分な注意を払い，星空観測を楽しんでみよう。

北海道
糠平湖
しかりべつ湖コタン
姫沼（姫沼園地）
ちとせ美笛キャンプ場
美瑛の丘
知床
知床五湖

岩手県
ひろのまきば天文台
小岩井農場

福島県
鹿角平天文台
秋元湖

群馬県
県立ぐんま天文台

栃木県
三本松園地
埼玉県堂平天文台 星と緑の創造センター

東京都
小笠原・ウェザーステーション展望台
伊豆七島

長野県
ヘブンスそのはら
国立天文台野辺山宇宙電波観測所
涸沢キャンプ場

山梨県
富士五湖

山梨県・埼玉県
笠取山

静岡県
ふもとっぱら
朝霧高原

滋賀県
蔵王ダム

奈良県
大台ヶ原

兵庫県
兵庫県立大学西はりま天文台

岡山県
井原市美星天文台

高知県
四国カルスト天狗高原

大分県
空の公園
牧の戸峠
くじゅう花公園キャンピングリゾート花と星

宮崎県
国見ヶ丘

鹿児島県
屋久島

沖縄県
竹富島西桟橋
小浜島
波照間島
石垣島

福島県・鹿角平天文台

栃木県・三本松園地

東京都・ウェザーステーション小笠原

長野県・ヘブンスそのはら

高知県・四国カルスト天狗高原

大分県・牧ノ戸峠

COLUMN

最先端技術で星空を“リサーチ”する巨大望遠鏡

天体や天体現象を観測したり，宇宙のなりたちを解明するなどの目的で，世界には数多くの天文台が建設され，稼働している。このような天文台には，口径数メートル以上におよぶ巨大な望遠鏡が設置され，天文学の観測を昼夜行っている。このページでは，最先端の技術を用いて建設された，望遠鏡の数々を写真で紹介しよう。

ハワイ島にある標高 4205 メートルのマウナケア山山頂に立つ，日本のすばる望遠鏡（左）とアメリカのケック I 望遠鏡（中央），ケック II 望遠鏡（右）。鏡面の構造はことなるが，いずれも直径 10 メートル級の光学赤外線望遠鏡だ。

マウナケア山頂に建設が予定されている光学赤外線望遠鏡 TMT（Thirty Meter Telescope）。アメリカ，カナダ，中国，インド，日本が参加する国際的な共同事業として進められている。TMT の主鏡はすばる望遠鏡のおよそ 4 倍の直径にもなる。

南米チリのアンデス山中にある標高約 5000 メートルのアタカマ砂漠は，天体観測地として非常によい条件のそろった場所である。口径 12 メートルと 7 メートルの計 66 台ものパラボラアンテナからなるアルマ望遠鏡（上）や，口径 8.2 メートルの望遠鏡 4 台からなるパラナル天文台（左下），口径 6 メートルのアタカマ宇宙論望遠鏡（右下）などが稼働している。

カナリア大望遠鏡（上）は，大西洋に浮かぶスペイン領カナリア諸島のラ・パルマ島にある，ロケ・デ・ロス・ムチャーチョス天文台に設置された，口径 10.4 メートルの反射望遠鏡である。

写真は，中国南西部の貴州省にある「500 メートル球面電波望遠鏡（FAST = Five-hundred-meter Aperture Spherical radio Telescope）」だ。自然の窪地を利用してつくられた，世界最大の電波望遠鏡である。

2025年の主な天体イベント

夜空を見ようとしたときに，事前に「何月何日の夜空ではこんな星のこんな姿が見られる」という情報を知っていると，星空観測をより楽しめるのではないだろうか。

このページには，日本で2025年に観測できる天体のイベント一覧をまとめた。これらのイベントが観測できる時間などのくわしい情報は，国立天文台のサイト（https://www.nao.ac.jp/astro/sky/2025/）などで調べることができる。ぜひチェックしてみよう。

3月

7日　月が上弦
8日　水星が東方最大離角
12日　土星が合
14日　満月
　皆既月食（東日本・小笠原諸島のみ）
15日　水星が留
20日　春分（太陽黄経0度）
　海王星が合
22日　月が下弦
23日　金星が内合
24日　4時，土星の環の消失（土星が地球に対して横を向くが太陽に近くて観察困難）
25日　水星が内合
29日　新月

4月

5日　月が上弦
6日　水星が留
10日　金星が留
13日　満月（2025年で地球から最も遠い満月）
21日　月が下弦
22日　水星が西方最大離角
　こと座流星群が極大
27日　金星が最大光度（−4.8等）
28日　新月

5月

4日　月が上弦
6日　みずがめ座η（エータ）流星群が極大
7日　土星の環の消失（土星が太陽に対して横を向く）
13日　満月
18日　天王星が合
20日　月が下弦
27日　新月
30日　水星が外合

6月

1日　金星が西方最大離角
3日　月が上弦
11日　満月
19日　月が下弦
21日　夏至（太陽黄経90度）
25日　新月
　木星が合

7月

3日　月が上弦
4日　地球が遠日点通過
　水星が東方最大離角
5日　海王星が留
11日　満月
14日　土星が留
17日　水星が留
18日　月が下弦
25日　新月
31日　みずがめ座δ（デルタ）南流星群が極大

8月

1日　月が上弦
　水星が内合
9日　満月
11日　水星が留
13日　5時頃，ペルセウス座流星群が極大
16日　月が下弦
19日　水星が西方最大離角
23日　新月
31日　月が上弦

9月

6日　天王星が留
8日　満月
　2時半から4時頃に皆既月食（全国で見られる）
13日　水星が外合

14 日　月が下弦
21 日　土星が衝
22 日　新月
23 日　海王星が衝
30 日　月が上弦

10 月

7 日　満月
14 日　月が下弦
21 日　新月
　オリオン座流星群が極大
30 日　月が上弦
　水星が東方最大離角

11 月

5 日　満月（2025 年で地球に最も近い満月）
　おうし座南流星群が極大
10 日　水星が留
12 日　月が下弦
　木星が留
　おうし座北流星群が極大
18 日　しし座流星群が極大
20 日　新月
　水星が内合
21 日　天王星が衝
28 日　月が上弦
29 日　土星が留
30 日　水星が留

12 月

5 日　満月
8 日　水星が西方最大離角
11 日　海王星が留
12 日　月が下弦
14 日　ふたご座流星群が極大
20 日　新月
28 日　月が上弦

惑星の動き

水星

3 月→日の入り後の西の低空に位置し，8 日に東方最大離角。下旬は見かけの位置が太陽に近く，観察は難しい。4，5 月→日の出前の東の低空に位置しているが，観察は難しい。6 月→日の入り後の北西の低空に位置するので，見つけやすい。7 月→ 4 日に東方最大離角。7 日までは日の入り 30 分後の高度が 10 度をこえ，見つけやすいが，その後は急激に高度を下げ，観察しにくい。8 月→ 19 日には西方最大離角となり，中旬は日の出 30 分前の高度が 10 度をこえ，観察しやすくなる。9 月→上旬は日の出前の東の低空に位置しているが，中旬以降は見かけの位置が太陽に近く，観察は難しい。10 月→ 30 日に東方最大離角となるが，観察は難しい。11 月→上旬から中旬にかけて，日の入り後の南西の低空に位置している。30 日から日の出 30 分前の高度が 10 度をこえるので観察できる。12 月→西方最大離角となり，中旬までは見つけやすくなる。

金星

3 月→上旬は日の入り後の西の低空に見えているが，中旬以降は高度が低くなり，観察が難しい。4 月→日の出前の東の低空に位置している。−4 等ほどの明るさがあるため，見つけることができる。5 月→日の出前の東の低空に見える。6 月→ 1 日に西方最大離角となる。7，8 月→日の出前の東の空に見える。9，10 月→日の出前の東の低空に見える。11，12 月→南東の低空に位置し，観察は難しい。

火星

3 月→ふたご座を東に移動(順行)。4 月→中旬にはかに座に移る。5，6 月→月末にはしし座に移る。宵の西の空に見える。7 月→月末にはおとめ座に移る。宵の西の低空に見える。8 月→下旬になると見かけの位置が太陽に近くなり，観察は難しい。9，10，11 月→見かけの位置が太陽に近く，観察は難しい。12 月→太陽とほぼ同じ方向に位置しているため，観察は難しい。

木星

3，4 月→おうし座を東に移動（順行）。宵の南西から西の空に見える。5，6 月→月末になると見かけの位置が太陽に近くなり，観察しにくい。7 月→月末になると高度がやや上がり，日の出前の東の空で見つけやすくなる。8, 9 月→ふたご座を東に移動（順行）。日の出前の東の空に見える。10 月→真夜中の東の空に姿をあらわし，日の出の頃に南中する。11 月→ 12 日に留となり，以後は西向きの動きに転じる（逆行）。12 月→ふたご座を西に移動（逆行）。日の入りから 3 時間ほどたったころに東の空に見える。

土星

3 月→ 12 日以降は日の出前の東の低空に位置する。見かけの位置が太陽に近く，観察は難しい。4 月→見かけの位置が太陽に近く，観察は難しい。5 月→うお座を東に移動（順行）。日の出前の南東の空に見える。6 月→うお座を東に移動（順行）。7 月→ 14 日以降は西向きの動きに転じる（逆行）。真夜中前に東の空に姿をあらわし，日の出の頃に南中する。8 月→日の入りから 3 時間ほどたったころに東の空に見える。9 月→下旬にはみずがめ座に移る。下旬には日の入りの頃に東の空に姿をあらわし，真夜中ごろに南中する。10 月→みずがめ座を西に移動（逆行）。宵の南東の空に見える。11 月→ 29 日に留となり，その後，東向きの動きに転じる（順行）。12 月→みずがめ座を東に移動（順行）。宵の南から南西の空に見える。

公開天文台・プラネタリウム施設ガイド

星を見たい，星や宇宙について勉強してみたい，などと思うこともあるのではないだろうか。全国には，望遠鏡を覗かせてくれる天文台や，宇宙について展示・解説している施設がたくさんある。最近では，高度なデジタル技術で星を投影するプラネタリウムが多いので，星空になじむきっかけとして，ぜひ足を運んでみてほしい。

ここでは全国の主な公開天文台とプラネタリウムを紹介する。積極的に足を運んで星を身近なものと感じるようになると，いつの間にか“星博士”になっているかもしれない。

北海道
しょさんべつ天文台
なよろ市立天文台きたすばる
北網圏北見文化センター
旭川市科学館サイパル
丘のまち郷土学館「美宙」
銀河の森天文台
札幌市天文台
札幌市青少年科学館
帯広市児童会館

岩手県
国立天文台 VLBI 観測所

宮城県
仙台市天文台

秋田県
秋田県児童会館みらいあ

福島県
福島市浄土平天文台
星の村天文台
郡山市ふれあい科学館

栃木県
栃木県子ども総合科学館

群馬県
向井千秋記念子ども科学館
群馬県立ぐんま天文台

埼玉県
加須未来館
熊谷市立文化センタープラネタリウム館
埼玉県立小川げんきプラザ
ときがわ町星と緑の創造センター
さいたま市青少年科学館
川口市立科学館

神奈川県
相模原市立博物館
かわさき宙と緑の科学館
はまぎん こども宇宙科学館

東京都
国立天文台三鷹キャンパス
府中郷土の森博物館
日本科学未来館
港区立みなと科学館
なかの ZERO プラネタリウム
八王子市こども科学館
多摩六都科学館
葛飾区郷土と天文の博物館

新潟県
新潟県立自然科学館
上越清里星のふるさと館

富山県
国立立山青少年自然の家・立山ドーム

石川県
星の観察館満天星
キゴ山ふれあい研修センター天文学習棟

福井県
福井自然史博物館
福井県自然保護センター観察棟

長野県
長野市立博物館
うすだスタードーム
宇宙航空研究開発機構宇宙科学研究所 臼田宇宙空間観測所
国立天文台野辺山宇宙電波観測所
東京大学大学院理学系研究科付属 天文学教育研究センター木曽観測所
銀河ドーム

岐阜県
京都大学大学院理学研究科付属飛騨天文台
岐阜市科学館
岐阜天文台
各務原市少年自然の家
ハートピア安八
スイトピアセンター
三の倉市民の里　地球村
西美濃天文台

関市まなびセンター
姫治地区センター

静岡県

月光天文台
ディスカバリーパーク焼津
浜松市天文台

愛知県

スカイワードあさひ
名古屋市科学館
半田空の科学館

三重県

尾鷲市立天文科学館

滋賀県

ダイニックアストロパーク天究館

京都府

綾部市立天文館パオ
京都大学理学系研究科付属花山天文台
丹波天文館
京都産業大学神山天文台

大阪府

大阪市立科学館
LIC はびきの
ソフィア・堺
善兵衛ランド

兵庫県

兵庫県立大学西はりま天文台
猪名川天文台
にしわき経緯度地球科学館
星の子館
神戸市立青少年科学館
明石市立天文科学館

奈良県

大塔コスミックパーク星のくに

和歌山県

みさと天文台
かわべ天文公園

鳥取県

鳥取市さじアストロパーク・佐治天文台

島根県

島根県立三瓶自然館
日原天文台

岡山県

美星天文台
公益財団法人倉敷天文台
国立天文台岡山天体物理観測所
岡山天文博物館

広島県

広島市こども文化科学館

山口県

山口県立山口博物館

徳島県

阿南市科学センター

香川県

まんのう天文台
高松市こども未来館

愛媛県

久万高原天体観測館
愛媛県総合科学博物館

高知県

高知みらい科学館
梶ヶ森天文台
芸西天文学習館
四万十市天体観測施設「四万十天文台」

福岡県

小郡市生涯学習センター天体ドーム
福岡県青少年科学館
久留米市天文台
八女市星の文化館

佐賀県

西与賀コミュニティセンター
佐賀県立宇宙科学館
佐賀市星空学習館

長崎県

長崎市科学館スターシップ
五島市鬼丘天文台

熊本県

合志市西合志図書館天文台
南阿蘇ルナ天文台
清和高原天文台
熊本県民天文台
さかもと八竜天文台
ミューイ天文台
熊本市立熊本博物館

大分県

梅園の里天文台天球館
関崎海星館

宮崎県

中小屋天文台昴ドーム
たちばな天文台

鹿児島県

せんだい宇宙館
スターランド AIRA
輝北天球館
十島村中之島天文台

沖縄県

石垣島天文台
牧志駅前ほしぞら公民館

Check!

基本用語解説

A〜Z

HR（Hertzsprung-Russell）図
恒星のスペクトル型と光度（絶対等級）の関係を示す図で，その誕生と進化を理解するために有効である。縦軸が絶対等級で横軸がスペクトル型。左上から右下へ帯状に分布している恒星が主系列星とよばれる。主系列星の右上に分布するのが赤色巨星で，左下にあるのが白色矮星である。恒星はその誕生から死に至るまで，進化にともないHR図内を移動する。太陽は現在，主系列星であるが，やがて赤色巨星となり，白色矮星へと進化していく。

か

核融合反応
軽い原子核どうしが融合して，重い元素が生成される反応を核融合反応という。天文学では一般に星の中心核や，高エネルギー天体現象にともなう高温でおきる核融合反応をさす。恒星は，自らの重力によって中心部がきわめて高温になり，その熱と圧力によって核融合反応が発生している。太陽の内部で発生している核融合反応は水素がヘリウムに変わるもので，その際の余ったエネルギーが太陽熱として放出される。

キトラ古墳（天文図）
キトラ古墳は，奈良県高市郡明日香村で高松塚古墳につづき日本で2番目にみつかった，大陸風の壁画古墳である。二段でつくられた円墳で，上段が直径9.4メートル，テラス状の下段が直径13.8メートル，高さは上段と下段を合わせて4メートルを少しこえるくらいと推測されている。石室内には多くの壁画が発見されており，とくにその天井には，世界で最も古いとされる円形天文図がえがかれている。

合／衝
地球から見て，太陽系の惑星が太陽と同じ方向にあるときを合という。とくに内惑星（水星，金星）は，太陽と地球の間に来るときがあるが，これを内合とよび，太陽の向こう側にあるときを外合とよぶ。外惑星（火星，木星，土星，，天王星，海王星）が太陽と反対側に位置するときを衝という。このときはほぼ一晩中惑星が見えるので，観測に適している。

恒星／惑星
核融合反応により自ら輝いている星を恒星とよぶ。惑星は，そのほとんどが恒星のまわりをまわっている，自ら輝くことができない星である。私たちが見ている星は，星雲や銀河のほか，月と太陽系の惑星をのぞけばすべて恒星である。

黄道
天球上における太陽の見かけ上の通り道を黄道という。地球から見ると，太陽は黄道上を1年で1周しているように見える。昔から黄道上には12の星座（黄道12星座）が置かれ，農耕など生活の中で利用されてきた。黄道は天の赤道に対して約23度傾いているために，日本など中緯度の地帯では四季がある。

さ

歳差運動
歳差運動とは，自転している物体の回転軸が円をえがくように振れる現象である。首振り運動やみそすり運動ともいう。地球も約2万5800年かけて自転軸がまわる歳差運動をしている。そのため，約1万3000年後に地球は反対側に傾くので，現在の春が秋に，夏が冬にと季節が入れかわる。

自転／公転
自転とは，物体がその内部の点または軸のまわりを回転することである。太陽が黄道上を動いているように見えるのは，地球が自転しているために見えかたが変わるためで，自転は昼と夜をつくりだしている。また地球の自転は，大気や海流の流れなどあらゆる運動に影響をおよぼす。公転とは，ある物体が別の物体を中心にした軌道に沿ってまわる運動のことで，地球は太陽を中心として公転している。一方，太陽（系）は天の川銀河の中を周回しているが，これも公転という。公転運動の重心に常に天体が存在するとはかぎらず，二つの恒星が連星をつくっているような場合には，系の重心は二つの星の間に位置する。

種族
恒星の分類の一種として種族がある。青っぽい恒星（種族I）は，重い元素を多く含んでおり天の川銀河の渦状腕に多く存在している。一方，黄色い恒星（種族II）には重い元素が少なく，天の川銀河の中心部のバルジ付近と球状星団に主に存在している。太陽は種族Iと考えられている。星の年齢は種族IIのほうが種族Iの星よりもずっと古い。近年では，種族IIよりも前の宇宙誕生後にはじめて形成されたと考えられる初代星を種族IIIとよぶようになった。

食
食とは，ある天体が別の天体の動きによって隠される天文現象をいう。私たちが認識できる食とは，日食，月食，星食である。日食とは月が太陽の一部を隠す部分日食と，月が太陽をすべて隠す皆既日食，皆既日食ながら月の位置が地球から少しはなれるときにおきる金環日食がある。月食は月が太陽を背にした地球の影に入ることで，部分月食と皆既月食がある。星食とは恒星や惑星が月に隠されることをいう。

彗星／流星／火球／スプライト
彗星は，氷や固体微粒子でできた小天体で，太陽に近づいた際にコマやちり，ガスやイオンの尾を生じるものをさす。日本では昔から箒星（ほうきぼし）ともよばれる。太陽に近づく周期（公転周期）は，約3年から数百万年以上とさまざまなものがある。流星は，流れ星ともよばれる。太陽のまわりを公転する流星物質が，地球の大気に衝突し，突入して発光したものである。流星物質は，0.1ミリメートル以下のごく小さな宇宙塵から，数センチメートル以上ある小石のようなものまでさまざまな大きさのものがある。流星の中でもとくに明るく，マイナス3等からマイナス4等程度よりも明るいものは火球とよばれる。スプライトは，雷雲上の中間圏でおきる発光現象であり，超高層雷放電の一つである。雷とはことなる発光現象だが，雷（雷放電）に付随して発光するといわれている。

星雲
宇宙空間にただよう，重力的にまとまりをもった宇宙塵や星間ガスなどからなる天体を星雲という。星雲には，光を放たない暗黒星雲と，光を放射あるいは付近にある恒星などの光を反射する散光星雲とがある。また，恒星から放出されたガスによってできた惑星状星雲および超新星爆発の結果生まれる超新星残骸といったものもある。

星座と神話
古代ギリシャで語り継がれていた神話をギリシャ神話という。それには世界のはじまりや神々の物語，また英雄の物語などがえがかれているが，たくさんの星座が登場することでも知られている。

星団
星団は，同じガスから誕生し，たがいの重力によって結びついた恒星の集団である。散開星団と球状星団がある。散開星団は，分子雲から同時に生まれた星どうしが，たがいに近い位置にある状態の天体をさす。銀河の中心部分に存在するため，銀河星団ともよばれる。球状星団は恒星がたがいの重力で球形に集まった天体で，銀河のまわりを軌道運動している。たがいの重力で強く結ばれているので，形状は球対称となり，中心核に向かって非常に密度が高くなっている。

赤色巨星
赤色巨星とは，恒星が主系列星を終えたあとの進化段階である。太陽の場合，大気が膨張するため，その大きさは地球や火星の公転軌道に相当するほどの大きさになる。肉眼で観察すると赤く見えることから，赤色巨星とよばれる。

た

太陽系
太陽系とは，太陽の重力に引き寄せられ，太陽のまわりを公転する天体から構成される惑星系である。主に，水星・金星・地球・火星・木星・土星・天王星・海王星の8惑星と，冥王星など5個の準惑星，それらを公転する衛星，そして多数の太陽系小天体などからなる。太陽系の総質量の99.86パーセントは太陽が占めており，残りの質量も大部分は木星が占めている。

中性子星
重い恒星の進化の最終段階で生じるとされる天体。質量が太陽程度でありながら直径20キロメートル程度，大気の厚さはわずか1メートル程度で，中性子が主な成分の天体である。密度は太陽の10^{14}倍以上もあるとされている。中性子星は大質量の恒星の超新星爆発によってその中心核が圧縮された結果，形成されると考えられている。

超新星（爆発）
超新星は，大質量の恒星や近接連星系の白色矮星がおこす大規模な爆発（超新星爆発）によって輝く天体のこと。昔から観察されており，古くは2世紀に中国で記録されている。中世にも観測記録が残されているが，実態が知られるようになったのは19世紀後半になってからである。超新星爆発は，天の川銀河の中で，100年から200年に一度の割合で発生しているといわれているが，爆発後の中心部に中性子星やブラックホールが残る場合もある。

天球
天球とは，惑星や恒星がその上に張りついて運動すると考えられた，地球を中心として取りまく球体のこと。また，地球から見える天体の方向をあらわすために仮想した球面も天球とよぶ。

天動説／地動説
天動説と地動説は，対になる宇宙論である。天動説は地球を宇宙の中心に置くもので，経験的な事実を説明するための学問的な宇宙論であった。紀元2世紀のプトレマイオスや紀元前4世紀のアリストテレスの自然学と結びついていた。地動説とは，宇宙の中心は太陽であり，地球はほかの惑星とともに太陽のまわりを自転しながら公転しているという学説のことである。

な

南中
天体が東から西へ動いていくとき，その天体が真南の方角を通過することを南中という。また，そのときの高度を南中高度という。太陽が南中する時刻がその地点の正午である。天体は，夜に南中する時期が最も観察に適している。

は

ブラックホール
きわめて高密度で極端に重力が強いため，光さえ脱出できない天体。かねてから，光も重力の影響を受けることは知られていた。つまり，重力が強大になれば，ある点で「光すら脱出できない」ほどの状態となる。光より速い物質は存在しないため，その天体を直接的に観測を行うことは困難であったが，2019年4月10日にはじめて観測に成功した。

分子雲
星間ガスの主要な構成元素である水素が水素分子状態で存在している星間ガス雲のこと。星間ガスのうち，とくに分子ガスは空間的にまとまった領域に集まっているため，分子雲とよばれる。その温度は数Kから数十K程度である。星間ガスの中でも最も密度が高い領域は分子雲コアとよばれ，その中心部から恒星が形成されると考えられている。

変光星
明るさが変化する天体。概して，恒星の外層や大気の爆発によって変光する星で変光に規則性が見られない爆発型変光星，星の表層が周期的に膨張・収縮することによって変光する脈動変光星，表面の明るさが一様でない星が自転にともなってその明るさを変化させる回転変光星，複数の星が引力をおよぼしあい，共通重心をまわっている連星がたがいを隠しあうことで見かけ上の光度を変える食変光星などがある。

北極点
地球の自転軸と天球がまじわる点を天の極という。北極と南極があり，それぞれ自転軸の北極と南極を延長した位置にある。地球の自転にともない，すべての天体は固定された天の極を中心に日周運動しているように見える。天の北極には現在北極星があるため，北の空では，すべての星が北極星を中心に日周運動をしているように見えるが，天の南極にはそのような天体がないため，便宜的に南十字星が使われている。

ら

連星
二つの恒星が両者の重心（共通重心）のまわりを軌道運動している天体を連星という。はじめは一つの恒星と考えられたものの，のちに連星であることが判明する場合もある。近年の観測で，肉眼で見える恒星の半数以上が連星である可能性が指摘されている。三つ以上の星がたがいの重力に引き寄せられて軌道運動しているものもある。

Index

▼ 索引

さ

た

な

は

ま

や

ら

わ

Staff

Editorial Management	中村真哉
Editorial Staff	竹村真紀子，谷合 稔
Cover Design	小笠原真一，北村優奈（株式会社ロッケン）
Design Format	小笠原真一（株式会社ロッケン）
DTP Operation	谷合 稔，鈴木 愛

Photograph

006-007	ESO/M. Zamani
008-009	Nitish/stock.adobe.com
010-011	Kertu/stock.adobe.com
012-013	waichi2013th/stock.adobe.com
014-015	Jose Ignacio Soto/stock.adobe.com
018	藤井 旭
020-021	masahirosuzuki/stock.adobe.com
032	奈良文化財研究所
034	yorky's/stock.adobe.com
043	sakura/stock.adobe.com
044	ぐんま天文台
048	藤原 仁/stock.adobe.com
049	sakura/stock.adobe.com
050	wendyhayesrise/stock.adobe.com
055	sakura/stock.adobe.com
056	井川俊彦
061	sakura/stock.adobe.com
062	sunrising4725/stock.adobe.com
066～067	ekim/stock.adobe.com
078	Public domain
082～083	藤井 旭
086～087	北原勇次
089	NASA and The Hubble Heritage Team (STScI/AURA), NASA, ESA, J. Hester and A. Loll (Arizona State University)
097	ESO
101	NASA, ESA, N. Evans (Harvard-Smithsonian CfA), and H. Bond (STScI)
106	The Hubble Heritage Team(AURA/STScI/NASA)
110-111	Axel Mellinger
119	【天の川銀河中心部】ESO/S. Gillessen et al.,【いて座A*】EHT Collaboration, NASA/JPL-Caltech
120	NASA/JPL
122～123	Bill Schoening Vanessa Harvey/REU program/NOAO/AURA/NSF
124-125	中林真希/stock.adobe.com
125	NASA, ESA, CSA, STScI, Webb ERO Production Team
132～133	Destina/stock.adobe.com
136～137	NASA/JHUAPL, Kevin M. Gill
138	Brocken Inaglory (CC BY-SA 4.0)
139	Seiichi Fukui/stock.adobe.com
142～143	lukszczepansk/stock.adobe.com
145	Galileo-Giken/stock.adobe.com
149	NASA / Johns Hopkins University Applied Physics Laboratory / Southwest Research Institute
150	NASA / Neil A. Armstrong
152	cqtakashi/stock.adobe.com
154	Dmitrii/stock.adobe.com
156	Nicholas J. Klein/stock.adobe.com
158	Tandem Stock/stock.adobe.com
160～161	Tandem Stock/stock.adobe.com
162	Nathan Yan/Stocksy/stock.adobe.com
164-165	ESO/M. Kornmesser
168-169	Science Photo Library/アフロ
169	NASA
171	David Haworth
172～173	miiko/stock.adobe.com
175	谷合 稔
176-177	New Africa/stock.adobe.com
178～179	谷合 稔
181	【上】川村 晶，【下】井川俊彦
183	株式会社ニコンビジョン
185	株式会社ビクセン
188	株式会社ビクセン
189	佐藤幹哉（国立天文台）
191	株式会社ビクセン
193	鮫川村農林商工課，日光市観光協会，小笠原村観光局，ヘブンスそのはら，津野町観光推進課，九重町観光協会
194	Bill Schoening Vanessa Harvey/REU program/NOAO/AURA/NSF
195	ESO/Yuri Beletsky, Ahincks, Zyance, 視覚中国
202	Jose Ignacio Soto/stock.adobe.com
203	waichi2013th/stock.adobe.com
204	wendyhayesrise/stock.adobe.com
205	中林真希/stock.adobe.com
207	ESO/M. Zamani

Illustration

016～017　藤丸恵美子
019　Newton Press
022～023　Newton Press，奥本裕志
025～031　Newton Press
033　Newton Press
035　Newton Press
037～041　Newton Press
045～047　Newton Press
051～053　Newton Press
057～059　Newton Press
063～065　Newton Press
068～071　Newton Press
073～077　Newton Press
079　Newton Press
081　Newton Press
085～088　Newton Press
090-091　小林 稔
093　Newton Press
095～096　Newton Press
099　Newton Press
101～109　Newton Press
111～117　Newton Press
121　Newton Press
125～129　Newton Press
131　Newton Press
134～135　Newton Press（地図データ：Reto Stöckli, NASA Earth Observatory, NASA Goddard Space Flight Center Image by Reto Stöckl（i land surface, shallow water,clouds）. Enhancements by Robert Simmon（ocean color, compositing, 3D globes, animation）. Data and technical support: MODIS Land Group; MODIS Science. Data Support Team; MODIS Atmosphere Group ; MODIS Ocean Group Additional data: USGS EROS Data Center（topography）; USGS Terrestrial Remote Sensing Flagstaff Field Center（Antarctica）; Defense Meteorological Satellite Program（city lights）.
136～137　Newton Press
140～141　Newton Press
144　藤丸恵美子
146～148　Newton Press
151　Newton Press
153　Newton Press
155　木下真一郎
157　木下真一郎
159　Newton Press
163　奥本裕志，Newton Press
166-167　Newton Press
169　Newton Press
187　谷合 稔

監修
渡部潤一／わたなべ・じゅんいち
福島県出身。国立天文台上席教授・天文情報センター長，総合研究大学院大学教授。理学博士。東京大学理学部天文学科卒業。専門は太陽系天文学。研究テーマは彗星や小惑星，流星などの小天体。

Newton 大図鑑シリーズ
VISUAL BOOK OF THE STARRY SKY
星空大図鑑

2025年4月20日発行

発行人　松田洋太郎
編集人　中村真哉

発行所　株式会社ニュートンプレス
〒112-0012　東京都文京区大塚3-11-6
https://www.newtonpress.co.jp